Peter Frommenwiler • Kurt Studer

Mathematik

für Maturitätsschulen

Geometrie

Schweizer Ausgabe

Lösungen

Bibliografische Information Der Deutschen Nationalbibliothek
Die Deutsche Nationalbibliothek verzeichnet diese Publikation in der Deutschen Nationalbibliografie; detaillierte bibliografische Daten sind im Internet über http://dnb.dnb.de abrufbar.

Zu diesem Werk gehört:
Mathematik für Maturitätsschulen
Geometrie
ISBN 978-3-06-028275-3

Verlagsredaktion: Elisabeth Berten

www.cornelsen.ch

11. Auflage, 3. Druck 2016

Alle Drucke dieser Auflage können im Unterricht nebeneinander verwendet werden.

ISBN 978-3-06-028276-0

Druck: AZ Druck und Datentechnik GmbH, Kempten

1. Planimetrie

1.1 Winkel

1.1.1 Winkel an geschnittenen Parallelen, Winkel am Dreieck

1. a) 4

b) Δ ABE : $\gamma = \alpha + \tau$, $\varphi = \alpha + \beta$
Δ ACF : $\mu = \alpha + \delta$
Δ BCD : $\beta = \delta + \varepsilon$, $\lambda = \gamma + \delta$
Δ DEF : $\lambda = \mu + \tau$, $\varphi = \mu + \varepsilon'$

2.

	a)	b)
(1)	18°	0.5α
(2)	117°	$135°-0.5\alpha$
(3)	108°	3α
(4)	114°	$90° + 0.5\beta$
(5)	12°	$180° - 2\alpha - 2\beta$
(6)	144°	4α
(7)	108°	3α

3.

	a)	b)
(1)	12°	$60° - \frac{4}{3}\alpha$
(2)	79.5°	$135° - \frac{3}{4}\beta$

4. 42°

5. 60°, 90°, 120°, 90°

6. $180° - 2\varepsilon$

7. $\alpha = 45° - 0.5\omega$, $\beta = 90°$

8. $360° - \frac{3}{2}\alpha - 2\beta$ oder $\frac{3}{2}\alpha + 2\beta - 180°$

9. 2δ

10. $180° - 4\alpha$

11. $\frac{2}{3}\beta + 60°$

12. $\frac{1}{2}\alpha - \frac{1}{2}\beta + 90°$

13. 1. Lösung: 72°, 72°, 36°

2. Lösung: $77\frac{1}{7}°$, $77\frac{1}{7}°$, $25\frac{5}{7}°$

14. Beweis

15. $90° - \frac{1}{2}\gamma$

16. $90° - \frac{1}{2}\alpha$

17. $\beta - \alpha$

Konstruktionsaufgaben

18. – 20. Konstruktionen

1.1.2 Winkel am Kreis

21. a) $\alpha = 0.5\lambda$; $\beta = 0.5\eta$; $\gamma = 0.5\mu$;
$\delta = 0.5(\mu + \lambda)$; $\varepsilon = 90° - 0.5(\mu + \lambda)$

b) $\alpha = \tau + \lambda$; $\beta = \tau + \lambda$; $\gamma = \eta$;
$\delta = \tau$; $\varepsilon = 180° - \lambda - \tau$

22. Beweis

23.

a) 36°	b) 53°
c) 36°	d) 75°
e) 72°	f) 67.5°
g) 58.5°	h) 45°
i) 60°	j) 54°

24. $\varphi = |\beta - \gamma|$

25. 50° ; 110° ; 130°

26. 67.5°

27. 16°

28. Beweis (Sehnenviereck)

29. a) $90° - 2\varepsilon$ b) $45° - \frac{1}{2}\varepsilon$

30. a) $2\alpha - 90°$ b) $90° - \frac{1}{4}\alpha$

31. $\frac{1}{2}(\alpha - \beta)$

32. a) $90° + \frac{1}{2}\alpha$ b) $\frac{1}{2}(\alpha + \beta)$

33. $45° - \frac{3}{4}\tau$

34. $90° - \frac{1}{3}\beta$

$\frac{1}{2}\alpha + \beta$

$\alpha + \frac{3}{2}\beta - \gamma$

$\frac{1}{2}\alpha + 90°$

$540° - 3\varepsilon - 3\varphi$

U: Kreisbogen über $\overline{PQ}$
V: Kreisbogen über $\overline{PQ}$

nstruktionsaufgaben

– **44.** Konstruktionen

weisaufgaben

– **55.** Beweise

1.2 Berechnungen am Dreieck und Viereck

1.2.1 Einfache Aufgaben zu Pythagoras, Kathetensatz und Höhensatz

56. $\sqrt{8}\,a = 2 \cdot \sqrt{2}\,a \approx 2.83\,a$

57. $\sqrt{\left(\frac{e}{2}\right)^2 + \left(\frac{f}{2}\right)^2} = \sqrt{\frac{e^2 + f^2}{4}} = \frac{1}{2}\sqrt{e^2 + f^2}$

58. $\frac{\sqrt{10}}{10}\,c = \sqrt{0.1}\,c \approx 0.316\,c$;
$\frac{3 \cdot \sqrt{10}}{10}\,c = \sqrt{0.9}\,c \approx 0.949\,c$

59. a) $w = \sqrt{5}$ cm ; $x = 0.8\sqrt{5}$ cm
$y = 0.2\sqrt{5}$ cm ; $z = 0.4\sqrt{5}$ cm

b) $v = \frac{4}{3}\sqrt{7}$ cm ; $w = \frac{16}{3}$ cm
$y = \frac{7}{3}$ cm ; $z = \sqrt{7}$ cm

c) $u = \frac{30}{11}\sqrt{11}$ cm ; $w = \frac{36}{11}\sqrt{11}$ cm
$x = \frac{25}{11}\sqrt{11}$ cm ; $y = \sqrt{11}$ cm

d) $u = \sqrt{10}\,e$; $v = \sqrt{15}\,e$
$w = 5e$; $z = \sqrt{6}\,e$

60. $\frac{\sqrt{35}}{3}\,r \approx 1.97\,r$

61. 0.7cm ; 10.3cm

62. a) 44.3 cm b) $\frac{t^2 - a^2}{a}$

63. $\frac{\sqrt{5}}{3}\,a \approx 0.745\,a$

64. a) 30 cm b) $\sqrt{ps}$

65. 2.22 cm

66. $\sqrt{8}\,b = 2\sqrt{2}\,b \approx 2.83\,b$

67. 1.6 cm

1.2.2 Spezielle Dreiecke

68. $\frac{\sqrt{3}}{6}s$

69. $\left(\frac{1}{\sqrt{2}}+\frac{1}{\sqrt{6}}\right)b=\frac{\sqrt{2}}{6}\left(3+\sqrt{3}\right)b$

70. a) Kathete: $\frac{1}{2+\sqrt{2}}U=\left(1-\frac{\sqrt{2}}{2}\right)U$

Hyp.: $\frac{\sqrt{2}}{2+\sqrt{2}}U=\left(\sqrt{2}-1\right)U$

b) Katheten: $\left(\frac{1}{2}-\frac{\sqrt{3}}{6}\right)U$; $\frac{1}{2}\left(\sqrt{3}-1\right)U$

Hyp.: $\left(1-\frac{\sqrt{3}}{3}\right)U$

71. $2\sqrt{3}\,t$

72. $\left(3+\frac{1-\sqrt{3}}{\sqrt{2}}\right)d=\left(3+\sqrt{0.5}-\sqrt{1.5}\right)d$

73. $\frac{2\cdot\sqrt{2}}{1+\sqrt{3}}a=\sqrt{2}\left(\sqrt{3}-1\right)a$

74. $\frac{\sqrt{2}}{1+\sqrt{2}}a=\left(2-\sqrt{2}\right)a$

75. $\left(\frac{\sqrt{3}}{3}+1\right)s$

76. $\frac{8}{1+\sqrt{3}}r^2=4\cdot\left(\sqrt{3}-1\right)r^2$

77. $\frac{\sqrt{3}}{2+\sqrt{3}}r=\left(2\sqrt{3}-3\right)r$

1.2.3 Kreisberührungsaufgaben

78. a) 2 cm b) $\frac{1}{4}r$

79. $\frac{1}{3}r$

80. $\frac{t^2}{4R}$

81. $\frac{8}{3}r$

82. $\frac{1}{6}d$

83. $\frac{41}{32}a$

84. $\frac{7}{6}a$

85. $\frac{1}{2\left(1+\sqrt{2}\right)}a=\frac{\sqrt{2}-1}{2}a\approx 0.207\,a$

86. 0.3a

1.2.4 Berechnung von Flächeninhalten und Abständen

87. $\frac{5}{29}c^2$

88. $0.5\,(a-b)^2$

89. 185 m²

90. $\frac{\left(1+\sqrt{3}\right)^2}{8}a^2=\frac{2+\sqrt{3}}{4}a^2$

91. $\frac{1}{6}$

92. 33.8 cm²

93. $A=\frac{a+c}{2}\sqrt{ac}$

94. $0.75a^2$

95. 100 cm²

96. 23.4 cm²

97. a) 7 cm

b) $\sqrt{\frac{4A^2}{c^2}+\left(c-\sqrt{b^2-\frac{4A^2}{c^2}}\right)^2}$

$=\sqrt{b^2+c^2-2\sqrt{(bc)^2-4A^2}}$

. 42 cm^2

. $0.125c^2$

0. $\frac{2-\sqrt{3}}{8}\, c^2 \approx 0.0335\, c^2$

1. $\frac{ab}{\sqrt{a^2+b^2}}$

2. a) 33.28 cm b) $\frac{pq}{\sqrt{p^2+q^2}}$

3. $\frac{30}{\sqrt{34}}\, a \approx 5.14\, a$

4. a) 4.17 cm b) 8.38 cm

.5 Tangentenabschnitte, Tangentenviereck

5. a) gleichschenklige Trapeze mit Inkreis, konvexe Drachenvierecke
b) Rhomben

6. $\frac{A}{2r}$

7. 7.5 m

3. $r\,(a+c)$

. $9.5r$

. $\frac{2r^2}{a-2r}$

. $\sqrt{r_1 \cdot r_2}$

. 9.58 cm

.6 Vermischte Aufgaben

. $\frac{b^2}{8a}$

. 15.4 cm

. $\frac{b^2}{a} + \frac{1}{4}\, a$

. $\sqrt{\frac{3}{2}}\, r \approx 1.22\, r$

117. $\frac{a}{4} - \frac{b^2}{4a}$

118. $\frac{\sqrt{2}+1}{2}\, s \approx 1.21\, s$

119. $x = 2\sqrt{2}\, r \approx 2.83\, r$

$y = \frac{2}{3}\sqrt{2}\, r \approx 0.943\, r$

$z = \frac{2}{3}\sqrt{3}\, r \approx 1.15\, r$

120. $\frac{\sqrt{5}}{5}\, r \approx 0.447\, r$

121. $\frac{\sqrt{2}}{4}\, a^2 \approx 0.354\, a^2$

122. $6 : 1$

123. $\left(\frac{2}{3}\sqrt{3} + 1\right) a \approx 2.15\, a$

124. $\sqrt{\frac{5-\sqrt{5}}{2}}\, r \approx 1.18\, r$

125. $\frac{\sqrt{3}-1}{6}\, s \approx 0.122\, s$

126. $8 \cdot \sqrt{1 - \frac{\sqrt{2}}{2}}\, s \approx 4.33\, s$

127. $\frac{11}{8}\, a^2$

128. $\frac{6 \cdot \sqrt{11}}{11}\, r \approx 1.81\, r$

129. $\frac{1}{\sqrt{5+2\sqrt{3}}}\, r \approx 0.344\, r$

130. $\frac{7}{3}$ cm

131. $\frac{2 \cdot \sqrt{7}}{5}\, a \approx 1.06\, a$

132. $r = \frac{5}{8}a$; $x = \frac{1}{4}a$

$y = \frac{\sqrt{5}}{4}\, a \approx 0.559\, a$

133. $\frac{1}{4}\, r$

134. $15\left(\sqrt{3}-\sqrt{2}\right)\text{ cm} \approx 4.77\text{ cm}$

135. $\frac{\sqrt{2}-1}{4}\,r \approx 0.104\,r$

136. $\left(\frac{\sqrt{3}}{8}-\frac{17}{100}\right)a^2 \approx 0.0465\,a^2$

137. $3\left(\sqrt{3}-1\right)s \approx 2.20\,s$

138. $\frac{4-2\sqrt{2}}{6-\sqrt{2}}\,r \approx 0.255\,r$

139. $\frac{5}{6}\sqrt{3}\,r^2 \approx 1.44\,r^2$

140. $\frac{1}{6}\,a$

141. $\frac{\sqrt{31}}{15}\,a \approx 0.371\,a$

142. $\frac{a^2+ab}{\sqrt{a^2+b^2}}$

143. $\frac{1}{2}\left(a+b+\sqrt{a^2+b^2}\right)$

144. $\frac{b^2}{2(a+b)}$

145. Beweis $\left[\overline{AP}^2+\overline{BP}^2=2(a^2+r^2)\right]$

146. $\frac{3r^2-4d^2}{8(r-d)}$

147. $\frac{2}{9}\,R$

148. $\frac{d^2+c^2+2cr}{4r+2c}$

149. $\frac{1}{2}\left(a-\sqrt{2b^2-a^2}\right)$

150. 10.9 dm^2

151. 3.34 m

152. 15.5 cm

153. $\frac{\sqrt{17}-3}{2}\,r \approx 0.562\,r$

154. $\left(\frac{\sqrt{7}}{2}-1\right)r \approx 0.323\,r$

155. 6.96 mm

1.3 Berechnungen am Kreis

1.3.1 Kreis und Kreisring

156. $\frac{u^2}{4\pi}$

157. 1.59 m

158. a) $\sqrt{\frac{1}{3}\left(40-6\sqrt{3}\right)}\,r \approx 3.14\,r$

b) 0.0019 %

159. $\left(2p+\frac{p^2}{100}\right)\%$

160. $1:\frac{4}{9}\sqrt{3}:\frac{4}{\pi} \approx 1:0.770:1.27$

161. $\frac{ab}{2}$

162. Beweis

163. $\frac{\sqrt{2}\,\pi}{8}\,r \approx 0.555\,r$

164. alle je: $\frac{\pi}{5}\,r^2$

165. a) $\frac{\pi}{4}\,(2b-a)a$

b) $a < 2b \wedge b < a$

Der Kreisring

166. $(474.3 \pm 7.3)\text{ cm}^2 \approx (474 \pm 8)\text{ cm}^2$

167. Beweis

168. r

169. $\frac{\pi}{4}\,a^2$

170. $\frac{2\pi}{3}\sqrt{10}\,r^2$

171. $\frac{\pi}{4}\,s^2$

2. Beweis

3. a) $\frac{R-r}{d}$ b) $\frac{\pi}{d}(R^2 - r^2)$

c) 0.0139 mm

.2 Das Bogenmass

4. a) Weil er nur von der Winkelgrösse φ abhängt: $\frac{b}{r} = \left(\frac{\pi}{180°}\right)\varphi$

b) Dimension: $\frac{L}{L}$(Länge : Länge)

Masseinheit: keine oder rad

5. a) 2π b) $\frac{\pi}{2}$

c) $\frac{\pi}{18}$ d) $\frac{\pi}{60}$

e) $\frac{2}{3}\pi$ f) $\frac{3}{2}\pi$

g) $\frac{\pi}{10}$ h) $\frac{5}{9}\pi$

i) $\frac{3}{20}\pi$ j) $\frac{67}{180}\pi$

k) $\frac{\pi}{360}$ l) $\frac{36.6}{180}\pi = \frac{61}{300}\pi$

6. a) 114.6° b) 16.4°
c) 97.4° d) 13.4°
e) 35.8° f) 112.5°
g) 81.0° h) 101.6°
i) 180.1°

7. a) $22.4\,\frac{\text{rad}}{\text{s}}$ b) $2.09\,\frac{\text{rad}}{\text{s}}$

c) $0.105\,\frac{\text{rad}}{\text{s}}$ d) $0.00175\,\frac{\text{rad}}{\text{s}}$

e) $33.7\,\frac{\text{rad}}{\text{s}}$

8. a)

φ	x (cm)
10°	6.66
45°	6.50
60°	6.37
90°	6.00
180°	4.24
270°	2.00

b) $\varphi = 2\pi$, $x = 0$ m → ja

c)

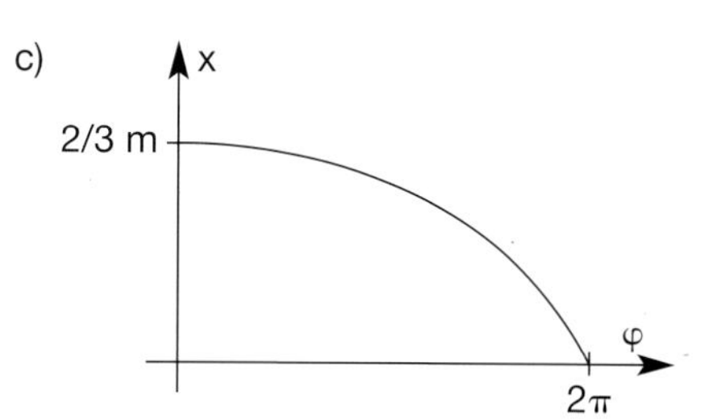

1.3.3 Der Sektor

179. 4 rad

180. $1.53 \cdot 10^6$ m

181. a) $\varphi = (0.231 \pm 0.012)$ rad
$A = (312 \pm 16)\ \text{m}^2$
b) $b = (10.87 \pm 0.39)$ mm
$\varphi = (1.343 \pm 0.064)$ rad
c) $r = (15.29 \pm 0.42)$ m
$b = (27.49 \pm 0.75)$ m
d) $r = (16.67 \pm 0.24)$ km
$A = (85.0 \pm 1.7)\ \text{km}^2$

182.

φ	r	b	u	A
x	x	$\varphi \cdot r$	$2r + \varphi r$	$\frac{1}{2}\varphi r^2$
x	$\frac{b}{\varphi}$	x	$b + \frac{2b}{\varphi}$	$\frac{b^2}{2\varphi}$
x	$\frac{u}{\varphi + 2}$	$\frac{u\varphi}{\varphi + 2}$	x	$\frac{\varphi}{2}\left(\frac{u}{\varphi+2}\right)^2$
x	$\sqrt{\frac{2A}{\varphi}}$	$\sqrt{2A\varphi}$	$(\varphi + 2)\sqrt{\frac{2A}{\varphi}}$	x
$\frac{b}{r}$	x	x	$b + 2r$	$\frac{1}{2}br$
$\frac{u}{r} - 2$	x	$u - 2r$	x	$\frac{1}{2}(u - 2r)r$
$\frac{2A}{r^2}$	x	$\frac{2A}{r}$	$2r + \frac{2A}{r}$	x
$\frac{2b}{u - b}$	$\frac{1}{2}(u - b)$	x	x	$\frac{1}{4}(u - b)b$
$\frac{b^2}{2A}$	$\frac{2A}{b}$	x	$b + \frac{4A}{b}$	x
$\frac{(u-\sqrt{D})^2}{8A}$ $\frac{(u+\sqrt{D})^2}{8A}$	$\frac{u+\sqrt{D}}{4}$ $\frac{u-\sqrt{D}}{4}$	$\frac{u-\sqrt{D}}{2}$ $\frac{u+\sqrt{D}}{2}$	x	x

$D = u^2 - 16A$
Es gibt nur Lösungen, wenn $16A \leq u^2$

183. 2 rad

184. $2(\pi - 1)$ rad

185. $\varphi = \frac{\sqrt{3}}{8}$ rad

$b = \frac{\sqrt{3}}{4}a$

186. 1 : 1, d. h. die beiden Bogen sind für alle $\varphi \leq \frac{\pi}{2}$ gleich lang.

187. $\left(\frac{\sqrt{3}}{2} + \frac{19\pi}{12}\right) a^2 \approx 5.84\ a^2$

188. r^2

189. $\frac{\pi}{4} r^2$

190. $u = (3 - \sqrt{0.5})\,\pi r \approx 7.20\ r$

$A = (3\pi - \pi\sqrt{2} - 1)\, r^2 \approx 3.98\ r^2$

191. $\frac{3}{8}\pi$ rad

192. $u = \left(\frac{25}{3}\pi + 2\sqrt{3}\right) r \approx 29.6\ r$

$A = (18.5\ \pi + 6\sqrt{3})\, r^2 \approx 68.5\ r^2$

193. 0.923

194. $\sqrt{\frac{2}{\pi}}\ a \approx 0.798\ a$

195. $r = 2.52$ m ; $\varphi = 0.377$ rad

196. $r = 15$ cm ; $\varphi = 2$ rad

1.3.4 Das Segment

197. a) $\left(\frac{\pi}{6} - \frac{\sqrt{3}}{4}\right) r^2 \approx 0.0906\ r^2$

b) $\left(\frac{\pi}{4} - \frac{1}{2}\right) r^2 \approx 0.285\ r^2$

c) $\left(\frac{5\pi}{12} - \frac{1}{4}\right) r^2 \approx 1.06\ r^2$

d) $\left(\frac{5\pi}{6} + \frac{\sqrt{3}}{4}\right) r^2 \approx 3.05\ r^2$

198. 21.3 cm

199. 32.7 cm

200. $r - \frac{s^2}{8h} + \frac{h}{2}$

201. a) 0.074 % b) 0.12 % c) 0.80 %

202. Beweis

203. $\frac{ab}{2}$

204. $\left(\frac{\pi - 1}{2}\right) r^2 \approx 1.07\ r^2$

205. $\frac{1}{4}\left(\frac{7\pi}{6} - 1 - \sqrt{3}\right) s^2 \approx 0.233\ s^2$

206. $\left(\frac{\sqrt{3}}{2} - \frac{\pi}{6}\right) r^2 \approx 0.342\ r^2$

1.3.5 Vermischte Aufgaben

207. $\frac{1}{2}\left(\pi - \sqrt{3}\right) a^2 \approx 0.705\ a^2$

208. $\frac{3}{32}\left(2\sqrt{3} - \pi\right) a^2 \approx 0.0302\ a^2$

209. $\left(\frac{\pi - 1}{8}\right) c^2 \approx 0.268\ c^2$

210. $\frac{5 - 2\sqrt{3}}{8}\ \pi\ s^2 \approx 0.603\ s^2$

211. $\left(\frac{1}{2} + \frac{(\sqrt{2} - 2)\pi}{4}\right) s^2 \approx 0.0399\ s^2$

212. $\left(\frac{5\pi}{6} - \frac{\sqrt{3}}{2}\right) r^2 \approx 1.75\ r^2$

213. $2a^2$

214. $\frac{1}{32}(\pi + 2)\, c^2 \approx 0.161\ c^2$

215. $\left(\frac{9}{4}\sqrt{3} - \frac{\pi}{3}\right) r^2 \approx 2.85\ r^2$

216. $\frac{\pi}{4} b^2$

217. $\frac{10}{3}\left(7\pi + 6\sqrt{3}\right)$ mm ≈ 108 mm

218. $\left(\frac{7}{4}\sqrt{3} - \frac{\pi}{3}\right) r^2 \approx 1.98\ r^2$

219. $\left(1 - \sqrt{3} + \frac{\pi}{3}\right) a^2 \approx 0.315\ a^2$

220. $\left(\frac{\pi}{6} + \sqrt{3} - 1\right) a^2 \approx 1.26\ a^2$

221. $\left(2\pi + 3\sqrt{3}\right) r^2 \approx 11.5\ r^2$

222. $\left(\frac{\pi}{2}a + \pi r - a - 2r\right) a$

223. πr

224. $\left(1 - \frac{\pi}{3\sqrt{3}}\right) a \approx 0.395\ a$

4 Strahlensätze

5. a) $w = \frac{bd}{a}$; $x = \frac{cd}{a}$

$y = \frac{ae}{a+b+c}$; $z = \frac{(a+b)e}{a+b+c}$

b) x = 4.5 m ; y ist unbestimmt

6. $x = \frac{ce}{b}$; $y = \frac{(e-b)a}{b}$; $z = \frac{bd}{e-b}$

7. a)

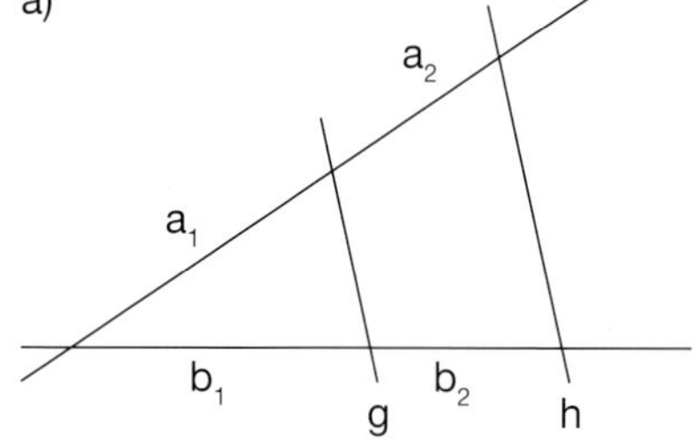

$\frac{a_1}{a_2} = \frac{b_1}{b_2} \Rightarrow$ g und h sind parallel

b) (1) Stehen die Abschnitte der Transversalen im gleichen Verhältnis wie die entsprechenden Abschnitte (vom Scheitelpunkt aus gemessen), so sind die Transversalen parallel.

(2)

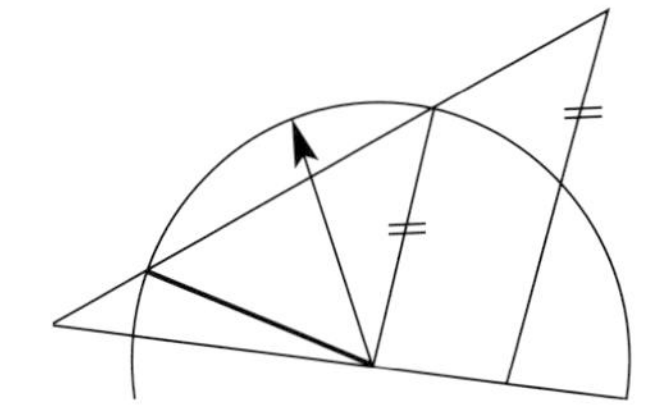

8. (1) Umkehrung des 1. Strahlensatzes
(2) 2. Strahlensatz mit Scheitel B

9. a) Diagonalen des Vierecks ABCD zeichnen und den Satz über die Mittellinie im Dreieck anwenden.
b) 1 : 2

0. $\overline{DF} = \frac{cu}{u+v}$

1. $(n-1) \cdot b$

2. a) $\frac{16}{21}a$ b) 7

3. a) $\frac{ab}{a+b}$ b) $\frac{bc}{a+b}$

234. $\overline{AP} = \frac{r(R+r)}{R-r}$

Beachten Sie: $\overline{AP}$ ist unabhängig von φ

235. $\overline{BE} = \frac{3ac}{3a+4c}$

236. $\frac{bc}{a+b}$

237. $\frac{at+bs}{a+b}$

238. $\overline{AQ} = \frac{10}{3}$ cm ; $\overline{QS} = \frac{35}{6}$ cm

239. Beweis

240. a) Weil es ein Drachenviereck ist $\left(\overline{AQ} = \overline{AP} \text{ und } \overline{BQ} = \overline{BP}\right)$.
(Jedes konvexe Drachenviereck hat einen Inkreis → Tangentenviereck)

b) $\frac{r \cdot R}{r+R}$ Beachten Sie: Der Radius ist unabhängig von s!

241. a) 4:1 Tipp: Parallele zu BE durch D.
b) 3:2 Tipp: Parallele zu AD durch E.

242. a) 2:3 b) 1:9

243. a) (1) $\frac{3}{2}$ (2) $\frac{3}{10}$
b) (1) $\frac{1}{3}$ (2) $\frac{3}{16}$

Der Schwerpunkt eines Dreiecks

244. Beweis

245. Beweis, betrachten Sie die Dreiecke ABC und ACD und ihre Schwerpunkte.

246. $A_{ABS} = \frac{1}{3}A$; $A_{BDS} = A_{ASE} = \frac{1}{6}A$

$A_{SDE} = \frac{1}{12}A$; $A_{EDC} = \frac{1}{4}A$

Die Winkelhalbierende im Dreiecks

247. Beweis

248. 12.6 cm ; 16.8 cm

249. Beweis, betrachten Sie das Dreieck PCD.

250. 6.6 cm ; 9.9 cm ; 8.5 cm

251. $r = \frac{ab}{b+c}$; $s = \frac{ac}{b+c}$; $x = y = \frac{bc}{b+c}$

252. $\frac{w}{\sqrt{4 - 2\sqrt{2}}} = \frac{1}{2} \cdot \sqrt{2 + \sqrt{2}}\ w$

253. $\overline{CQ} = \overline{AP} = \frac{1}{2}(a + c)$

254. $\overline{CD} = \frac{35}{24} u$

1.5 Ähnliche Figuren

1.5.1 Die zentrische Streckung

255. Konstruktion

256. a) $k = 0.5$ b) $k = 2$
c) $\sqrt{2}$

257. a) Konstruktion, betrachten Sie die Diagonale AC oder BD.

b) $\frac{9 - \sqrt{3}}{12}$

258. a) Konstruktion b) $k_1 = \frac{7}{3}$, $k_2 = \frac{3}{7}$
c) 4.5 cm

259. a) Konstruktion; 2 Lös.
b) Konstruktion

260. a) Konstruktion; 2 Lös.

b) $k_1 = \frac{a - r}{a + r}$, $k_2 = \frac{a + r}{a - r}$

261. a) Der geometrische Ort ist ein Kreis mit $\overline{AM}$ als Durchmesser.
Begründung: Zentrische Streckung mit Streckungszentrum A und k = 0.5.

b) – Kreis p von A aus mit k = 2 zentrisch strecken → p'.
– $p' \cap g \rightarrow C_1$ und C_2 (2 Lösungen)

262. a) 42.7 cm^2 b) 139 cm^2

263. a) Weil sich die Gerade AA', BB' und CC' in einem Punkt (Streckungszentrum Z) schneiden. Z liegt dort, wo das Lot zu AC durch B die Gerade AC schneidet.

b) 10.2 m^2

c) $\sqrt{\frac{3}{7}} \approx 0.655$

264. a) beim Mittelpunkt der Kreisbogen.
b) $\sqrt{0.5}$ c) 0.5

265. $\frac{8\pi}{243} a^2$

266. Konstruktion

267. Konstruktion

268. Konstruktion

269. a) – f) Konstruktionen

270. Konstruktion

Einbeschreibungsaufgaben

271. Konstruktion

272. a) Konstruktion b) $\frac{a}{\sqrt{3}}$

273. Konstruktion

274. Konstruktion

275. Konstruktion,
Tipp: Zentrische Streckung von C aus.

1.5.2 Ähnliche Figuren

276. z. B. Rechteck 1: a = 6 cm, b = 3 cm
Rechteck 2: a = 6 cm, b = 2 cm

277. $A \sim I \sim H$; $B \sim F$

278. wahr: 1; 3; 4; 8; 9
falsch: 2; 5; 6; 7; 10; 11

279. a) $\alpha_2 = 40°$; $c_2 = 11.2$ cm
b) $b_2 = 2.42$ dm
c) $a_2 = 13.0$ m; $b_2 = 9.22$ m
d) $b_2 = 1.70$ cm
e) $r_2 = 5.33$ dm

0. Die folgenden Lösungen sind als Beispiele zu betrachten. Es gibt auch andere richtige Lösungen.
a) $\alpha' = \alpha \wedge \beta = \beta'$
b) $\frac{a}{b} = \frac{a'}{b'}$ [oder $\angle CAB = C'A'B'$]
c) $\alpha = \alpha'$
d) $\alpha = \alpha'$ und $\beta = \beta'$ und $\frac{a}{b} = \frac{a'}{b'}$
e) gleiche Zentriwinkel
f) $\alpha = \alpha'$ und $\beta = \beta'$ und $\gamma = \gamma'$
und $\frac{a}{b} = \frac{a'}{b'}$

1. Nein, weil $\frac{a}{b} \neq \frac{a-2d}{b-2d}$

2. Nein, weil $\frac{h_1}{h_2} = 1$ und z. B. $\frac{a}{a'} = \frac{a}{m} \neq 1$

3. A0: 841 mm x 1189 mm
A4: 210 mm x 297 mm

4.

(1) ja	(2) nein
(3) nein	(4) nein
(5) ja	(6) nein
(7) nein	(8) ja

5. a) a' = 4.5 cm ; b' = 7.5 cm
c' = 9 cm ; d' = 12 cm
b) $\frac{9}{4} A_{ABCD}$

6. für alle Vielecke:
a) 32.25% b) $\left(2p + \frac{p^2}{100}\right)\%$

7. 9.545%

8. a) 1.98 m b) $r = \frac{b_1 w}{b_2 - b_1}$

9. a) $p = \sqrt{ac}$ b) $\frac{ah}{a + \sqrt{ac}}$

0. $\overline{AP} = \frac{a}{3}$

1. a) 2.68 cm
b) $\frac{1}{2}\left(a - \sqrt{a^2 - (2b)^2}\right)$
Bedingung; $a > 2b$

1.5.3 Ähnliche Dreiecke

292. a) ABC ~ ADC ~ BCD
b) ADC ~ BCE ~ AFE ~ FBD
c) AED ~ BCE ; ABE ~ CDE
d) BFE ~ FCA ; ADC ~ EBC
e) ABD ~ ACD
f) ABF ~ DCF ; AED ~ BEC ; CAF ~ BDF

293. a) DCE ≅ AEC ; ABM ~ ADC
b) AMC ~ ADB
c) ABF ~ AFD ; ABC ~ ABD
d) ACF ~ EFD ~ ABC , ACD ≅ ACE
AFE ≅ FCD, ADE ≅ CDE
e) D'CB ~ ABD , BC'E ~ CED'
BD'F ~ CDF , BFD ~ CFD'
f) ABC ~ ADE

294. a) b) Beweise

Dreiecke in perspektiver Lage

295. a) 65.0 cm, 86.7 cm, 108 cm
b) 1 : 13.0

296. r : R

297. $\frac{1}{\sqrt{2}} v_o$

298. Herleitung, Beweis

299. $\left(1 - \sqrt{0.5}\right)h \approx 0.293\ h$

300. $\sqrt{\frac{1}{2}(a^2 + c^2)}$

301. Beweis

302. $\frac{24}{25}$

303. 4 : 5

304. a) $\frac{1}{3}\sqrt{\left(\frac{a}{2}\right)^2 + b^2} = \frac{1}{6}\sqrt{a^2 + 4b^2}$
b) $\frac{ab}{12}$

305. $\frac{1}{6}$

306. $\frac{1}{20}$

307. $\frac{7x^2}{x + 20}$

308. a) Konstruktion b) 6.46 cm

309. $\frac{ah}{a + 2h}$

310. $\frac{ahu}{2(u + v)}$

311. $\frac{1}{2}(a + c)h$

312. 14.1 cm

313. a) $\frac{AE}{ED} = \frac{BF}{FC} = \frac{a}{c}$

b) $ES = SF = \frac{ac}{a + c}$

314. a) 111 mm

b) $a(1 + k + k^2 + k^3)$; $k = \frac{e}{d}$

315. $\frac{ab}{a + b}$, beachten Sie: h hängt nicht vom Abstand d ab.

316. $\frac{a + 2c}{3(a + c)} h$

317. $\frac{a}{2 + \frac{1}{n}}$

318. a) 139 cm b) $2d\left(1 + \frac{r}{R}\right)$

Dreiecke in allgemeiner Lage

319. 70°; 13.6 m

320. $\overline{AD} = 5$ cm , $\overline{AE} = 4.60$ cm, $\overline{DE} = 1.97$ cm

321. a) Beweis

b) $\overline{AD} = 4.8$ cm , $\overline{BD} = 7.2$ cm

322. $\frac{ad}{c}$

323. $m - \sqrt{\frac{m^2 + n^2}{5}}$

324. Beweis

325. a) 116 cm^2 b) $\frac{\sqrt{(uv)^3}}{u + v}$

326. a) 5.94 cm b) 22.1 cm^2

327. a) $\frac{a^2}{b}$ b) $\left(\frac{a}{b}\right)^2$

328. $\frac{ab}{2 \cdot h_c}$; Hinweis: Beachten Sie das 3 – Eck EBC, wobei $\overline{EC}$ ein Durchmesser des Umkreises ist.

329. $\frac{e}{h}\left(\sqrt{e^2 + h^2} - e\right)$

330. a) $\frac{a^2}{b}$ b) $\frac{b^2 - a^2}{a}$

331. $\frac{ab^3}{2(a^2 + b^2)}$

332. $\frac{uv}{e} - e$

333. $x = k \cdot a$, $y = k \cdot b$,

$k = 1 - \frac{m}{\sqrt{a^2 + b^2}}$

334. a) 81.3 cm^2

b) $\frac{a^2 + d^2}{2a}\sqrt{d^2 - \left(\frac{a}{2}\right)^2}$

335. 243 cm

336. a) 4.06 cm b) $a - \sqrt{a^2 - b^2}$

337. 1. Lösung: 1.39 m

2. Lösung: 8.61 m

1.5.4 Ähnlichkeit am Kreis

338. 19.1 cm

339. a) c = 4.90 cm , d = 7.35 cm

b) a = 22.5 m , b = 37.5 m, c = 15.5 m , d = 54.3 m

340. $2a - \frac{a^2}{r}$

341. a) c = 3.03 cm , d = 6.06 cm

b) a = 3.29 dm

342. a) $\overline{AT} = 6.3$ m , $\overline{AB} = 2.7$ m

b) $\overline{AB} = \frac{\sqrt{5} - 1}{2} a \approx 0.618\, a$

343. $\frac{\sqrt{13} - 1}{2} r \approx 1.30\, r$

344. Beweis, Hinweis: Thaleskreis über a

345. Beweis mit Thaleskreis und Sehnensatz

346. $\sqrt{2}\, r$

347. 14.4 m

2. Trigonometrie

2.1 Das rechtwinklige Dreieck

2.1.1 Berechnungen am rechtwinkligen Dreieck

1. a) $\sin\varphi = \frac{z}{y}$ $\cos\varphi = \frac{x}{y}$ $\tan\varphi = \frac{z}{x}$
b) $\sin\varphi = \frac{w}{u}$ $\cos\varphi = \frac{v}{u}$ $\tan\varphi = \frac{w}{v}$
c) $\sin\varphi = \frac{t}{m}$ $\cos\varphi = \frac{n}{m}$ $\tan\varphi = \frac{t}{n}$

2. a) b = 6.2 cm c = 10.8 cm $\alpha = 55.2°$
b) a = 30.0 cm c = 32.3 cm $\alpha = 68.2°$
c) a = 8.47 m b = 7.08 m $\beta = 39.9°$
d) a = 18.4 dm b = 12.6 dm $\alpha = 55.7°$

3. a) $\alpha = 25.4°$ $\beta = 64.6°$
b) $\alpha = 56.3°$ $\beta = 33.7°$
c) $\alpha = 52.6°$ $\beta = 37.4°$
d) $\alpha = 1.51°$ $\beta = 88.5°$
e) keine Lösung

4. a) c = 1.36 m $\alpha = 67.0°$ $\beta = 23.0°$
b) b = 6.21 cm $\alpha = 34.1°$ $\beta = 55.9°$
c) a = 3.73 dm $\alpha = 15.2°$ $\beta = 74.8°$
d) c = 27.8 cm $\alpha = 24.4°$ $\beta = 65.6°$

5. a) a = 12.4 cm c = 33.8 cm $\alpha = 21.6°$
b) a = 10.8 m b = 8.65 m $\beta = 38.8°$
c) keine Lösung
d) a = 2.17 dm b = 25.3 dm $\alpha = 4.9°$
e) c = 57.3 cm $\alpha = 71.5°$ $\beta = 18.5°$

6. a) b = 9.76 cm c = 11.2 cm
$\alpha = 29.4°$ $\beta = 60.6°$
b) a = 372 m c = 476 m
$\alpha = 51.4°$ $\beta = 38.6°$
c) a = 10.1 m b = 7.16 m c = 12.4 m
$\alpha = 54.6°$ $\beta = 35.4°$
d) a = 2.40 dm b = 1.06 dm c = 2.62 dm
$\beta = 23.7°$
e) a = 28.3 m b = 18.7 m c = 33.9 m
$\alpha = 56.6°$
f) a = 45.5 cm b = 39.8 cm c = 60.5 cm
$\alpha = 48.8°$ $\beta = 41.2°$ (Höhensatz)
g) a = 16.8 m c = 22.0 m
$\alpha = 49.5°$ $\beta = 40.5°$

7. a) $a = (50.5 \pm 1.3)$ cm
b) $b = (44.3 \pm 2.0)$ mm
c) $\alpha = (59.2 \pm 1.8)°$
d) $\beta = (34.9 \pm 1.9)°$

8. a) $\frac{1}{\sqrt{2}}$ b) $\sqrt{3}$ c) $\frac{\sqrt{3}}{2}$

9. 9.65°

10. 17.7°

11. a = b = 110 dm , c = 201 dm
$\alpha = \beta = 24.3°$

12. 218 mm

13. 35.7 cm , 80.7° , 99.3°

14. h = 2.48 m , 75.5°

15. 24.4 cm

16. 2 Lösungen: 71.2° , 16.5°

17. äussere Tangenten: 14.4°
(keine inneren Tangenten)

18. 16.4 cm^2

19. $c_1 = 11.2$ cm , $\alpha_1 = 77.1°$, $\beta_1 = 32.9°$
$c_2 = c_1$, $\alpha_2 = \beta_1$, $\beta_2 = \alpha_1$

20. 9.72 dm

21. 11.4 cm

22. 1. Lösung: $e_1 = 26.0$ cm , $f_1 = 15.0$ cr
$\alpha_1 = 60.1°$, $\beta_1 = 119.9°$
2. Lösung: $e_2 = 15.0$ cm , $f_2 = 26.0$ cr
$\alpha_2 = 119.9°$, $\beta_2 = 60.1°$

23. 63.4°

24. a) 0.931 b) 0.931 c) 0.3

25. Beweise

Aufgaben mit Parametern

26. a) $u = \frac{a}{\tan\alpha \cdot \cos\beta}$, $v = \frac{\tan\beta}{\tan\alpha}\,a$
b) $u = c \cdot \sin\varepsilon \cdot \sin\varphi$, $v = c \cdot \sin\varepsilon \cdot$ cc
c) $u = \frac{\sin\beta}{\cos\alpha}\,d$, $v = \frac{\cos\beta}{\cos\alpha}\,d$

d) $u = \frac{\tan \varphi}{\tan \varepsilon} g \quad , \quad v = \frac{\tan \varphi}{\sin \varepsilon} g$

e) $u = \frac{\sin \delta}{\sin \gamma} k \quad , \quad v = \left(\frac{\sin \delta}{\tan \gamma} + \cos \delta\right) k$

f) $u = \sqrt{(a \cdot \sin \beta)^2 + (b - a \cdot \cos \beta)^2}$

$= \sqrt{(b \cdot \sin \beta)^2 + (a - b \cdot \cos \beta)^2}$

a) $u = m \cdot \cos \alpha + n \cdot \cos \beta$

b) $u = w \cdot \cos^3 \gamma$

c) $u = \frac{\tan \beta}{\cos \beta} a$

d) $u = (\tan(\varphi + \varepsilon) - \tan\varphi)\, d$

e) $u = \frac{b}{\tan(\alpha + \beta) - \tan \alpha}$

f) $u = h \cdot \sin \alpha + e \cdot \sin \beta \quad , \quad v = h \cdot \cos \alpha + e \cdot \cos \beta + (e \cdot \sin \beta + h \cdot \sin \alpha) \tan \alpha$

a) $\alpha = \arctan\left(\frac{a}{\sqrt{u^2 - v^2}}\right), \beta = \arcsin\left(\frac{v}{u}\right)$

b) $\alpha = \arctan\left(\frac{u}{v}\right) \quad , \quad \beta = \arcsin\left(\frac{\sqrt{u^2 + v^2}}{c}\right)$

c) $\alpha = \arccos\left(\frac{d}{\sqrt{u^2 + v^2}}\right), \beta = \arctan\left(\frac{u}{v}\right)$

d) $\alpha = \arccos\left(\frac{u}{v}\right) \quad , \quad \beta = \arctan\left(\frac{\sqrt{v^2 - u^2}}{g}\right)$

e) $\alpha = \arccos\left(\sqrt{\frac{v}{u}}\right)$

f) $\alpha = \arccos\left(\sqrt[3]{\frac{u}{w}}\right)$

a) $\sin(\arctan k) = 1 \Big/ \sqrt{1 + \left(\frac{1}{k}\right)^2}$

b) $\cos(\arctan k) = 1 \Big/ \sqrt{k^2 + 1}$

c) $\frac{1}{k}$

d) $\sin\left(\arctan \frac{1}{k}\right) = 1 \Big/ \sqrt{k^2 + 1}$

$s = 2\, r \cdot \sin\left(\frac{\varepsilon}{2}\right) \quad , \quad h = \left(1 - \cos\left(\frac{\varepsilon}{2}\right)\right) r$

$a = \sqrt{2\, A \tan \alpha} \quad , \quad b = \sqrt{2\, A / \tan \alpha}$

$r = \frac{\sin\left(\frac{\alpha}{2}\right)}{1 + \sin\left(\frac{\alpha}{2}\right)} R$

$A = \frac{1}{4}(a^2 - c^2) \tan \alpha$

0.300 c , 0.350 c

35. $r = \frac{c}{2 \sin \gamma}$

36. 111°

37. Beweis

38. $d = \frac{\sin(180° / n)}{1 - \sin(180° / n)} D$

39. a) $s = \frac{R - r}{\sin(\gamma / 2)}$, Lösung immer möglich

b) $s = \frac{R + r}{\sin(\gamma / 2)}$, Lösung, falls $R + r < s$

40. $t = \frac{3 \cdot \sin \varepsilon}{2 + \cos \varepsilon} r$

41. $r = \frac{\sin \alpha \cdot \cos \alpha}{\sin \alpha + \cos \alpha} \quad c = \frac{\sin \alpha}{1 + \tan \alpha} c$

42. a) $\varphi = \arctan\left(\frac{n}{m + n}\right)$

b) $\varphi = \arctan\left(\frac{n \cdot \tan \alpha}{m + n}\right)$

43. a) $\frac{s}{\sin(180° / n)}$

b) $\frac{s}{2 \cdot \sin(90° / n)}$

44. $\frac{a}{\sin \alpha + \cos \alpha}$

2.1.2 Aufgaben aus der Optik

45. 24.0 m

46. a) 33.4°

b) $\arctan\left(\frac{a + b}{\sqrt{s^2 - (a - b)^2}}\right)$

47. 41.2°

48. a) 42.9° b) 33.0°

49. 34.6°

50. a) 28.1° b) 30.7° c) 37.2°

51. 2.42

52. a) 48.6° b) 41.3°

53. a) 1.60 b) 38.7°

54. 1.47

55. 9.09 m^2

56. (1) a) 27.7° b) 9.03 cm c) 3.14 cm

(2) $\frac{\sin(\alpha - \beta)}{\cos \beta} d$

57. a) 53.7° b) 33.7°
c) $0° < \alpha \leq 20.0°$

58. a) 33.8 cm b) $\frac{H \cdot \tan \alpha - d}{\tan \alpha - \tan \beta}$

2.1.3 Flächeninhalt eines Dreiecks

59. 82.9 cm^2

60. 1.68 r^2

61. 58.5 cm , 94.6 cm , 2.63 m^2

62. 1.28 r^2

63. (178 ± 13) cm^2

64. $\frac{n}{4 \tan(180° / n)} a^2$

65. 1.65 m

66. 0.0613 c^2

2.1.4 Berechnungen am Kreis

67. a) 32.9 mm^2 b) 90.6 cm^2 c) 1.85 m^2

68. (700 ± 90) cm^2

69. 51.2 cm

70. 0.610 r

71. 0.731 r^2

72. 0.175 r^2

73. a) 0.526 a b) 0.846 a^2

74. 0.532 r^2

75. 0.240 a^2

76. 14.5 cm^2

77. 21.2 r

78. a) $4\sqrt{2}\, r \approx 5.66\, r$ b) 1.65 r^2

79. 0.404 r^2

80. 0.0778 r^2

81. $\arctan\left(\frac{\pi}{2}\right) \approx 1.00$ rad

82. 0.221 rad

2.2 Das allgemeine Dreieck

2.2.1 Definition der Winkelfunktionen fü beliebige Winkel

83. Lösungen mit Rechner kontrollieren!

84. Lösungen mit Rechner kontrollieren!

85.
a) 35.0° , 145.0°
b) 41.8° , 138.2°
c) 260.1° , 279.9°
d) 195.0° , 345.0°
e) 255° , 285°
f) 85° , 95°
g) 233° , 307°
h) 68° , 112°

86.
a) 56.0° , 304.0°
b) 122.0° , 238.0°
c) 141.0° , 219.0°
d) 6.0° , 354.0°
e) 95° , 265°
f) 154.0° , 206.0°
g) 142° , 218°
h) 157° , 203°

87.
a) 36.5° , 216.5°
b) 158° , 338°
c) 12° , 192°
d) 46° , 226°

a) α , $180° - \alpha$
b) α , $540° - \alpha$
c) α , $360° - \alpha$
d) $180° - \alpha$, $180° + \alpha$
e) α , $180° + \alpha$
f) α , $\alpha - 180°$

a) $-\sin \alpha$ b) $-\cos \alpha$
c) $\tan \alpha$ d) $-\sin \alpha$
e) $\sin \alpha$ f) $-\sin \alpha$
g) $-\sin \alpha$ h) $-\cos \alpha$

a) $2 \sin \alpha$ b) $2 \cos \alpha$
c) 0

a) $2 \sin \alpha$ b) $-2 \cos \gamma$

Beweis

Beweis

Beweis

2.2 Sinussatz

a) b = 10.1 cm , c = 10.5 cm , $\alpha = 74.7°$
b) a = 12.2 cm , c = 23.0 cm , $\beta = 46.5°$
c) c = 7.8 cm , a = 10.2 cm , $\alpha = 59.9°$
d) c = 19.1 dm , b = 26.5 dm , $\gamma = 44.3°$

a) b = (21.0 ± 1.9) cm
Hinweis: $(\sin \alpha)_{max} = \sin (\alpha_{min})$
falls $90° < \alpha < 180°$
b) $\gamma = (35.9 \pm 3.7)°$, $\alpha = (68.1 \pm 4.7)°$

1 : 2.53 : 2.88

a) c = 8.0 cm , $\beta = 60.2°$, $\gamma = 54.5°$
b) $\alpha_1 = 62.4°$, $\beta_1 = 83.0°$,
$b_1 = 34.6$ cm , $\alpha_2 = 117.6°$,
$\beta_2 = 27.8°$, $b_2 = 16.3$ cm
c) $\beta = 31.0°$, $\alpha = 43.7°$, a = 18.9 dm
d) $\alpha_1 = 18.9°$, $\gamma_1 = 147.1°$,
$c_1 = 14.6$ m , $\alpha_2 = 161.1°$,
$\gamma_2 = 4.9°$, $c_2 = 2.29$ m
e) $\alpha_1 = 35.8°$, $\gamma_1 = 119.9°$,
$c_1 = 79.3$ m , $\alpha_2 = 144.2°$,
$\gamma_2 = 11.5°$, $c_2 = 18.2$ m
f) keine Lösung

99. a = 12.4 cm , b = 8.5 cm , c = 12.0 cm, $\alpha = 71.8°$

100. $w_\alpha = 27.2$ cm , $w_\gamma = 20.6$ cm

101. b = 15.9 dm , c = 16.7 dm , r = 8.6 dm

102. 2359 m^2

103. (1) WSW, WWS, SSW, SWS, SSS
(2) WSW, WWS, SSW

104. a) Beweis b) Beweis

105. $\frac{1}{1+\sqrt{2}} = \sqrt{2} - 1$

106. 34.1 cm^2

2.2.3 Cosinussatz

107. a) $v^2 = u^2 + w^2 - 2uw \cos \varepsilon$
$u^2 = v^2 + w^2 - 2vw \cos \delta$
$w^2 = u^2 + v^2 - 2uv \cos \lambda$
b) $s^2 = p^2 + r^2 - 2pr \cos \tau$
$r^2 = p^2 + s^2 - 2ps \cos \varphi$
$p^2 = r^2 + s^2 - 2rs \cos \varepsilon$

108. SWS und SSS , auch SSW, wenn die dritte Seite gesucht ist ⇒ Es müssen mindestens 2 Seiten gegeben sein.

109. -----

110. $\gamma_1 = 70°$, $c_1^2 = 25 - 8.21$
$\gamma_2 = 90°$, $c_2^2 = 25$
$\gamma_3 = 110°$, $c_3^2 = 25 + 8.21$

111. a) a = 28.3 cm , $\beta = 54.6°$, $\gamma = 85.8°$
b) c = 14.7 m , $\alpha = 37.5°$,
$\beta = 29.3°$
c) b = 10.7 cm , $\alpha = 38.2°$, $\gamma = 97.0°$
d) $\alpha = 73.4°$, $\beta = 49.5°$, $\gamma = 57.1°$
e) $\alpha = 95.5°$, $\beta = 36.2°$, $\gamma = 48.3°$
f) keine Lösung

112. $\gamma = 137.9°$

113. 4.29 cm , 10.7 cm

114. a) $\gamma = 64.1°$, $c = 16.7$ cm
$\alpha = 60.1°$, $\beta = 55.8°$
b) $c = 15.6$ cm , $a = 11.8$ cm,
$\alpha = 39.9°$, $\beta = 81.9°$, $\gamma = 58.2°$
c) $\gamma = 122.0°$, $\alpha = 22.8°$
$c = 17.7$ cm , $b = 12.1$ cm
d) $a = 14.4$ m , $b = 19.4$ m
$\beta = 98.7°$, $\gamma = 33.9°$

115. $w_\alpha = 6.28$ cm , $w\gamma = 7.25$ cm

116. 47.7 cm

117. $\sin\alpha : \sin\gamma$

118. 10.7 cm^2

119. 6.30 cm^2

120. 6.77 cm

121. $e = 5.57$ cm , $f = 5.54$ cm , $c = 4.00$ cm ,
$\beta = 82.5°$

122. 4.19 cm

123. 0.996 cm

124. 17.0°

125. 35.7°

126. 1.72 cm

127. 6.10 cm^2

128. 12.6 cm

129. 13.9 cm , 61.3 cm^2

130. 12.3 cm

131. 1.84 m

132. 3.32 cm

2.2.4 Vermischte Aufgaben mit Parameter

133. a) $A = 2 \cdot \sin\alpha \cdot \sin\beta \cdot \sin(\alpha+\beta) \cdot r^2$

b) $A = \dfrac{\sin\beta \cdot \sin(\alpha+\beta)}{2 \cdot \sin\alpha}\, a^2$

134. $a = s_a : \sqrt{1.25 - \cos\gamma}$

$c = \dfrac{2 \cdot \sin\left(\frac{\gamma}{2}\right)}{\sqrt{1.25 - \cos\gamma}}\, s_a$

135. $\dfrac{\sqrt{21}}{3}\, a = \sqrt{\dfrac{7}{3}}\, a$

136. $\dfrac{\sin\varphi}{\sin\left(\frac{3}{2}\varphi\right)}\, a$

137. a) $0.684\, r^2$

b) $\dfrac{3}{4} \cdot \sin\left(\alpha + \arcsin\left(\dfrac{\sin\alpha}{2}\right)\right) \cdot r^2$

138. $u = 4.37\, r$, $A = 0.586\, r^2$

139. a) $4.65\, r$

b) $\left(\dfrac{-\sqrt{\cos\alpha}}{\cos(\alpha + \arccos(\sqrt{\cos\alpha})} - 1\right) r$

140. 1.60 r

141. 273 cm

142. 1. Lösung: $b_1 = 17.2$ m , $c_1 = 22.8$ m
2. Lösung: $b_2 = 22.8$ m , $c_2 = 17.2$ m

143. $a = 908$ cm , $b = 375$ cm , $c = 683$ cm

144. $a = 32$ cm , $b = 20$ cm , $c = 28$ cm ,
$\alpha = 81.8°$, $\beta = 38.2°$

2.3 Aufgaben aus Physik und Technik

2.3.1 Aufgaben aus der Statik

145. 2831N , 3701N

146. 163.8° , 139.4°

147. 149.5° , 143.1° , 67.4°

148. a) $F_A = \dfrac{\cos\beta}{\sin(\alpha+\beta)}\, F$

$F_B = \dfrac{\cos\alpha}{\sin(\alpha+\beta)}\, F$

b) $F_A = \frac{\sin \beta}{\sin(\beta - \alpha)} F$

$F_B = \frac{\sin \beta}{\sin(\beta - \alpha)} F$

c) $F_A = \frac{\sin \beta}{\sin(\alpha + \beta)} F$

$F_B = \frac{\sin \alpha}{\sin(\alpha + \beta)} F$

$F_C = \frac{\sin \delta}{\sin(\gamma - \delta)} F$

$F_D = \frac{\sin \gamma}{\sin(\gamma - \delta)} F$

d) $F_A = \frac{\sin \beta}{\sin(\alpha + \beta)} F$

$F_B = \frac{\sin \alpha}{\sin(\alpha + \beta)} F$

3.2 Vermessung

9. 78.6 m

0. 54.0 m , 61.7 m

1. 47.9 m

2. 64.6 m

3. 35.3 m

4. 104 m

5. $\frac{\tan \varphi + \tan \varepsilon}{\tan \varphi - \tan \varepsilon} h$

4 Ähnliche Figuren

6. a) a = 9.62 cm , b = 5.77 cm , c = 13.5 cm
b) a = 7.00 m , b = 8.40 m , c = 7.79 m
c) a = 76.9 mm , b = 102 mm , c = 141 mm
d) a = 6.62 cm , b = 8.09 cm , c = 8.00 cm

7. (1) $\frac{A_1}{A_2} = \cos^2\left(\frac{\varphi}{2}\right)$

(2) 109.5°

158. 8.35 cm

159. 12.3 cm^2

160. 23.1°

161. 44.4°

162. 27.9°

163. a = 7.52 cm , b = 6.02 cm , c = 5.02 cm

2.5 Trigonometrische Funktionen

2.5.1 Argumente im Gradmass

164.

	f (0°)	Periode	kleinste pos. Nullstelle	Hochpunkt	Tiefpunkt	Abbildung
a)	1.5	360°	keine	(90°/2.5)	(270°/0.5)	$y = \sin\alpha + d$ Verschiebung um d y-Einheiten in y-Richtung
b)	0.2	360°	36.9°	(0°/0.2)	(180°/–1.8)	
c)	2.2	360°	keine	(0°/2.2)	(180°/0.2)	
d)	0.5	360°	60°	(0°/0.5)	(180°/–1.5)	
e)	0	360°	180°	(90°/1.8)	(270°/–1.8)	$y = a \cdot \sin\alpha$ Streckung von der x-Achse aus mit dem Faktor a.
f)	0.6	360°	90°	(0°/0.6)	(180°/–0.6)	
g)	0	360°	180°	(270°/2.1)	(90°/–2.1)	
h)	$-\frac{1}{3}$	360°	90°	(180°/$\frac{1}{3}$)	(0°/$-\frac{1}{3}$)	
i)	0	120°	60°	(30°/1)	(90°/–1)	
j)	0	720°	360°	(180°/1)	(540°/–1)	$y = \sin(b \cdot \alpha)$ Streckung von der y-Achse aus mit dem Faktor $\frac{1}{b}$
k)	0	450°	225°	(337.5°/1)	(112.5°/–1)	
l)	1	180°	45°	(0°/1)	(90°/–1)	
m)	–1	1080°	270°	(540°/1)	(0°/–1)	
n)	–1	288°	72°	(144°/1)	(0°/–1)	
o)	0.5	360°	150°	(60°/1)	(240°/–1)	$y = \sin(\alpha + c)$ Verschiebung um c α-Einheiten in α-Richtung (Probe mit Nullstelle
p)	–0.77	360°	50°	(140°/1)	(320°/–1)	
q)	0.17	360°	10°	(280°/1)	(100°/–1)	
r)	–0.17	360°	10°	(100°/1)	(280°/–1)	

165.

	f (0°)	Periode	kleinste pos. NS	Hochpunkt	Tiefpunkt
a)	0	1800°	900°	(1350°/1)	(450°/–1)
b)	1	120°	30°	(0°/1)	(60°/–1)
c)	–2	180°	keine	(45°/–1)	(135°/–3)
d)	1.5	360°	keine	(180°/2.5)	(0°/1.5)
e)	2	720°	180°	(0°/2)	(360°/–2)
f)	0.707	1080°	405°	(135°/1)	(675°/–1)
g)	0.693	180°	30°	(165°/0.8)	(75°/–0.8)
h)	0.0905	360°	340°	(160°/3)	(340°/0)

6. Graphen

7. a) $y = 0.8 \sin \alpha$ b) $1.4 \sin(3\alpha)$
c) $y = -1.5 \sin(1.5\alpha)$

8. a) $y = \sin(\alpha + 60°)$
b) $y = \sin(2a + 30°)$
c) $y = 0.8 \sin(0.5\alpha - 60°)$
d) $y = -1.2 \sin(3\alpha + 30°)$

9. a) $30° + n \cdot 40°$, $n \in \mathbb{N}_0$
b) $n \cdot 120°$, $n \in \mathbb{N}_0$
c) keine Lösung
d) $45° + n \cdot 180°$, $n \in \mathbb{N}_0$
e) $10.3° + n \cdot 60°$, $n \in \mathbb{N}_0$
f) $303.4°$

170. a) $124.5° + n \cdot 360°$ und $235.515° + n \cdot 360°$
b) $73.3° + n \cdot 180°$ und $133.3° + n \cdot 180°$
c) $42.2° + n \cdot 360°$ und $90° + n \cdot 360°$ und $137.8° + n \cdot 360°$ und $201.8° + n \cdot 360°$ und $270° + n \cdot 360°$ und $338.2° + n \cdot 360°$
d) $45° + n \cdot 360°$ und $120° + n \cdot 360°$ und $135° + n \cdot 360°$ und $225° + n \cdot 360°$ und $240° + n \cdot 360°$ und $315° + n \cdot 360°$
oder:
$45° + n \cdot 90°$ und $120° + n \cdot 360°$ und $240° + n \cdot 360°$

Für alle Lösungen gilt $n \in \mathbb{N}_0$.

5.2 Argumente im Bogenmass

1.

	f (0°)	Periode	kleinste pos. Nullstelle	Hochpunkt	Tiefpunkt	Abbildung
a)	1.5	2π	keine	$(\frac{\pi}{2}/2.5)$	$(\frac{3\pi}{2}/0.5)$	y = sin x + d
b)	0.2	2π	0.644	$(0/0.2)$	$(\pi/-1.8)$	Verschiebung
c)	−0.2	2π	keine	$(0/-0.2)$	$(\pi/-2.2)$	um d y-Einheiten
d)	−0.9	2π	1.120	$(\frac{\pi}{2}/0.1)$	$(\frac{3\pi}{2}/-1.9)$	in y-Richtung
e)	0	2π	π	$(\frac{\pi}{2}/1.3)$	$(\frac{3\pi}{2}/-1.3)$	$y = a \cdot \sin x$
f)	0.5	2π	0.5π	$(0/0.5)$	$(\pi/-0.5)$	Streckung von der
g)	0	2π	π	$(\frac{3\pi}{2}/2)$	$(\frac{\pi}{2}/-2)$	x-Achse aus mit
h)	$-\frac{1}{3}$	2π	0.5π	$(\pi/\frac{1}{3})$	$(0/-\frac{1}{3})$	dem Faktor a
i)	0	$\frac{2\pi}{3}$	$\frac{\pi}{3}$	$(\frac{\pi}{6}/1)$	$(\frac{\pi}{2}/-1)$	
j)	0	4π	2π	$(\pi/1)$	$(3\pi/-1)$	y = sin(bx)
k)	0	2.5π	1.25π	$(\frac{15}{8}\pi/1)$	$(\frac{5}{8}\pi/-1)$	Streckung von der
l)	1	π	0.25π	$(0/1)$	$(\frac{\pi}{2}/-1)$	y-Achse aus mit
m)	−1	6π	1.5π	$(3\pi/1)$	$(0/-1)$	dem Faktor $\frac{1}{b}$
n)	−1	1.6π	0.4π	$(0.8\pi/1)$	$(0/-1)$	
o)	0.5	2π	$\frac{5}{6}\pi$	$(\frac{\pi}{3}/1)$	$(\frac{4}{3}\pi/-1)$	y = sin (x + c)
p)	−0.79	2π	$\frac{7}{24}\pi$	$(\frac{19}{24}\pi/1)$	$(\frac{43}{24}\pi/-1)$	Verschiebung
q)	0.259	2π	$\frac{1}{12}\pi$	$(\frac{19}{12}\pi/1)$	$(\frac{7}{12}\pi/-1)$	um c x-Einheiten
r)	−0.17	2π	$\frac{1}{18}\pi$	$(\frac{5}{9}\pi/1)$	$(\frac{14}{9}\pi/-1)$	in x-Richtung (Probe mit Nullstelle)

172.

	f (0)	Periode	kleinste pos. NS	Hochpunkt	Tiefpunkt
a)	0	6π	3π	$(1.5\pi/1)$	$(4.5\pi/-1)$
b)	1	$\frac{2}{3}\pi$	$\frac{1}{6}\pi$	$(0/1)$	$(\frac{1}{3}\pi/-1)$
c)	−1.2	π	keine	$(\frac{1}{4}\pi/-0.2)$	$(\frac{3}{4}\pi/-2.2)$
d)	1.5	2π	keine	$(\pi/2.5)$	$(0/1.5)$
e)	0.707	2π	$\frac{3}{4}\pi$	$(\frac{1}{4}\pi/1)$	$(\frac{5}{4}\pi/-1)$
f)	2	4π	π	$(0/2)$	$(2\pi/-2)$
g)	0.693	π	$\frac{1}{6}\pi$	$(\frac{11}{12}\pi/0.8)$	$(\frac{5}{12}\pi/-0.8)$
h)	−1.45	2π	$\frac{5}{12}\pi$	$(\frac{11}{12}\pi/1.5)$	$(\frac{23}{12}\pi/-1.5)$

173. Graphen

174. a) $y \approx 1.4 \sin x$ b) $y \approx 0.8 \sin(4x)$
c) $y \approx -1.3 \sin(2.5x)$

175. a) $y \approx \sin(x + 1.6)$

b) $y \approx \sin(2x + 1.0)$

c) $y \approx 0.8 \cdot \sin(0.5x - 0.8)$

d) $y \approx 1.5 \cdot \sin(2x - 2.4)$

176. a) $\frac{\pi}{8} + n\pi$, $n \in \mathbb{N}_0$

b) $1.93 + 2\pi\, n$, $n \in \mathbb{N}_0$

c) $1.21 + 3\pi n$, $n \in \mathbb{N}_0$

d) $\frac{3}{4}\pi + \pi n$, $n \in \mathbb{N}_0$

e) $0.158 + 2\pi n$ und $1.91 + 2\pi n$, $n \in \mathbb{N}_0$

f) $2\pi n$ und $2.50 + 2\pi n$ und $3.79 + 2\pi n$

177. a) $0.910 + \frac{2}{3}\pi n$ und $1.65 + \frac{2}{3}\pi n$, $n \in \mathbb{N}_0$

b) $\frac{\pi}{3} + 2\pi n$ und $\frac{2}{3}\pi + 2\pi n$, $n \in \mathbb{N}_0$

c) $\frac{6}{5}\pi + 8\pi n$ und $2\pi + 8\pi n$ und
$\frac{14}{5}\pi + 8\pi n$ und $\frac{22}{5}\pi + 8\pi n$ und
$\frac{14}{3}\pi + 8\pi n$, $n \in \mathbb{N}_0$

d) 0.491 , 1.69 , 2.45 , 3.97 , 4.36

2.5.3 Angewandte Aufgaben

178. a) $A(t) = 10 \cdot \sin\left(\frac{2\pi}{23} \cdot t\right)$,

$A = -9.4$ (85 Tage)

b) $L(t) = 10 \cdot \sin\left(\frac{2\pi}{33} \cdot t\right)$,

$L = 6.2$ (112 Tage)

179. a) $H(t) = 3.5 \cdot \sin\left(\frac{2\pi}{12.5} \cdot t\right)$, $[t] = h$,
$[H] = m$

b) Höhe über Tiefststand:
0.25 m ($t = 10.125$ h)

180. a) $s = A \cdot \sin\left(\frac{2\pi}{T} \cdot t\right)$

b) $s = 12 \cdot \sin\left(\frac{2\pi}{3} \cdot t + \frac{\pi}{2}\right)$ oder

$s = 12 \cdot \cos\left(\frac{2\pi}{3} \cdot t\right)$, $[t] = s$, $[s] = cm$

$t = 1.2s$, $s = -9.71$ cm

181. a) Q_1 : $y = 3 \sin(\alpha) - 4$ $[y] = m$
Q_2 : $y = 1.5 \sin(\alpha) - 5$ $[y] = m$

b) 3.87 rad + $2\pi n$; 5.55 rad + $2\pi n$, $n \in \mathbb{N}$

c) $t = 0$ bei A: $y_{Q_n} = r_n \cdot \sin\left(\frac{2\pi}{T} \cdot t\right) - l_n$

$t = 0$ bei B: $y_{Q_n} = r_n \cdot \sin\left(\frac{2\pi}{T} \cdot t - \frac{\pi}{2}\right) -$

.6 Goniometrie

6.1 Beziehungen zwischen sin α, cos α und tan α

2. a) 1 b) 1

3. a) $\sin\alpha$ b) $\cos^2\varphi$
c) $\tan^2\beta$ d) $1 + \cos\alpha$
e) $\sin^2\gamma - \cos^2\gamma = 2\sin^2\gamma - 1$
f) $\dfrac{1}{\cos\varphi}$ g) $\cos^2\omega$
h) $|\sin\alpha|$ i) 2
j) $\dfrac{1}{\cos^2\gamma}$ k) $\dfrac{1}{\sin^2\alpha}$

oniometrische Gleichungen

4. a) $-4 \le p \le 4$
b) $-2 \le p \le 8$
c) $p \le -3 \vee 3 \le p$
d) $-\frac{1}{2} \le p$
e) $p \le -\frac{1}{4} \vee \le \frac{1}{8} \le p$

5. a) 0° , 60° , 120° , 180° , 240° , 300°
b) 35.8° , 125.8° , 215.8° , 305.8°

6. a) 73.1° , 146.9°
b) 213.6° , 346.4°
c) { }
d) 20.4° , 200.3°

7. a) 26.6° , 153.4° , 206.6° , 333.4°
b) 72.5° , 107.5° , 252.5° , 287.5°
c) { }

8. a) 0° , 90° , 180° , 270°
b) 45° , 225°
c) 0° , 180°
d) 0° , 180°
e) 0° , 180°

9. a) 90° , 120° , 240° , 270°
b) 0° , 36.9° , 143.1° , 180°

0. a) 30° , 150°
b) 95.7° , 264.3°
c) 21.0° , 159.0° , 213.9° , 326.1°
d) 17.4° , 72.6° , 197.4° , 252.6°

191. a) 0° , 180°
b) 0° , 109.5° , 180° , 250.5°
c) 30° , 150° , 210° , 330°
d) 78.7° , 258.7°
e) 18.4° , 198.4°
f) 95.0° , 275.0°
g) 61.9° , 118.1° , 241.9° , 298.1°

192. a) 30° , 150°
b) 50.8 , 129.2° , 230.8° , 309.2°
c) 10.0° , 35.2° , 144.8° , 170.0°
d) 113.6° , 246.4°

193. a) { } b) 100.6° , 349.5°
c) 24.5° , 155.5°

194. $-1 \le a \le 1.25$

2.6.2 Additionstheoreme

195. a) $\sin\alpha + \sin\beta \neq \sin(\alpha + \beta)$
$\sin\alpha - \sin\beta \neq \sin(\alpha - \beta)$
entsprechendes gilt für die cos- und tan-Funktion
b) $f_5(x) = A\,x$

196. Beweis

197. Beweis

198. Beweis

199. a) $\cos\alpha$ b) $-\cos\varphi$
c) $\sqrt{\dfrac{1}{2}} \cdot (\sin\varepsilon - \cos\varepsilon)$
d) $\dfrac{1}{2} \cdot \left(\cos\beta - \sqrt{3}\sin\beta\right)$
e) $\dfrac{1 + \tan\alpha}{1 - \tan\alpha}$
f) $\dfrac{\sqrt{3} - \tan\gamma}{1 + \sqrt{3} \cdot \tan\gamma}$

200. a) $\dfrac{1 + \sqrt{3}}{2\sqrt{2}} = \dfrac{1}{4}\left(\sqrt{2} + \sqrt{6}\right)$
b) $\dfrac{\sqrt{3} - 1}{2\sqrt{2}} = \dfrac{1}{4}\left(\sqrt{6} - \sqrt{2}\right)$
c) $\dfrac{1 - \sqrt{3}}{2\sqrt{2}} = \dfrac{1}{4}\left(\sqrt{2} - \sqrt{6}\right)$
d) $\dfrac{\sqrt{3} - 1}{\sqrt{3} + 1} = 2 - \sqrt{3}$

201. a) $\sin\alpha$ b) $-\sin\alpha$
c) $\frac{\sqrt{3}}{2}\cos\varphi$ d) $2\cdot\cos\alpha\cdot\cos\varphi$

202. a) $3\cdot\sin\alpha - 4\cdot\sin^3\alpha$
b) $4\cdot\cos^3\alpha - 3\cdot\cos\alpha$

203. $x = \frac{k\cdot\sin\beta}{\sin(\alpha+\beta)}$, $y = \frac{k\cdot\sin\alpha}{\sin(\alpha+\beta)}$

204. a) $a = 5$, $\varphi = \arctan\left(\frac{4}{3}\right) \approx 53.1°$

b) $a = \sqrt{5} \approx 2.24$
$\varphi = \arctan\left(\frac{-1}{2}\right) \approx -26.6°$

c) $a = \sqrt{25.25} \approx 5.02$
$\varphi = \arctan(10) \approx 84.3°$

d) $a = \sqrt{2} \approx 1.41$, $\varphi = 45°$

205. $x = \left(1 - \frac{\cos\alpha}{\sqrt{n^2 - \sin^2\alpha}}\right) d\cdot\sin\alpha$

206. a) 48.4° , 228.4°
b) 7.05° , 187.1°
c) { }

207. a = 216 m , b = 420 m , $\alpha = 27.6°$,
$\beta = 115.4°$

208. 1. Lösung: $b_1 = 2.84$ m , $c_1 = 7.30$ m
2. Lösung: $b_2 = c_1$, $c_2 = b_1$

2.6.3 Funktionen des doppelten Winkels

209. Beweise

210. Beweis, Tipp: $A_{ABC} = \frac{1}{2}ch$ und
$A_{ABC} = \frac{1}{2}a^2\cdot\sin(2\alpha)$

211. ----

212. $x = a\cdot\sin(2\varphi)$

213. $\frac{2a^2b}{a^2-b^2}$

214. a) 30.6 m
b) $h\cdot\sqrt{\frac{H+h}{H-h}}$

215. $\tan\alpha_1 = \frac{1}{3}\left(-1+\sqrt{10}\right)$ und
$\tan\alpha_2 = -\frac{1}{3}\left(1+\sqrt{10}\right)$

216. a) $0.5\cdot\sin\alpha$ b) $\sin(4\lambda)$
c) $\cos\varphi$ d) $\cos(4\beta)$
e) $2\cdot\tan\left(\frac{\eta}{2}\right)$

217. a) $2\cdot\cos\alpha$ b) $\sin(2\beta)$
c) $\cos(2\gamma)$ d) $\sin\delta + \cos\delta$
e) $-0.5\cdot\tan(2\omega)$ f) $\tan\varphi$
g) $1-\tan^2\alpha$

218. a) 0° , 60° , 180° , 300°
b) 108.4° , 161.6° , 288.4° , 341.6°
c) 45° , 135°
d) 0° , 30° , 150° , 180°
e) 0° , 60° , 120° , 180°
f) 90° , 120°
g) 0° , 35.3° , 144.7° , 180°
h) 111.5° , 248.5°

219. Beweise

2.6.4 Transzendente Gleichungen

220. a) 0.659
b) 0 , 4.49
c) 2.31
d) 0.633 , 2.03 , 4.84
e) { }
f) 0 , 4.62

221. a) 1.56 rad
b) 0.453 rad

222. 1.94 rad

223. 0.416 rad

224. 1.05 rad

225. 0.290 r

226. $\frac{a}{b} = \frac{1-\cos\alpha}{\sin\alpha} \approx 0.824$

227. 1.16 r

3. Stereometrie

3.1 Beziehungen im Raum

3.1.1 Lage von Punkten, Geraden und Ebenen im Raum

1. Zwei Geraden, die nicht parallel sind und sich nicht schneiden.

2. a) allgemeine Lage / in einer Ebene / auf einer Geraden
b) sich schneidend / parallel / windschief
c) 9 Möglichkeiten

3. a) eine Gerade gemeinsam / parallel
b) – alle drei parallel
– je zwei parallel und die dritte hat je eine Gerade gemeinsam
– sie schneiden sich je (je gemeinsame Schnittgerade)

4.
- genau ein gemeinsamer Punkt: Gerade durchstösst Ebene
- mehr als ein gemeinsamer Punkt: Gerade in der Ebene
- kein gemeinsamer Punkt: Gerade parallel zur Ebene

5. falsch; richtig wäre parallel

6. a) Durchstosspunkt G
b) Durchstosspunkt M
c) parallel
d) Durchstosspunkt H
e) parallel
f) Gerade FG liegt in der Ebene
g) Durchstosspunkt: Schnittpunkt der Körperdiagonalen
h) Durchstosspunkt: Schnittpunkt der Körperdiagonalen

7. a) Schnittgerade LM
b) Schnittgerade AD
c) Schnittgerade DH
d) parallel

8. 20

9. a) Mittelnormalebene
b) Paar der winkelhalbierenden Ebenen

10. a) Schnittgerade der drei Mittelnormalebenen
b) Insgesamt 4 Schnittgeraden (von Winkelhalbier-Ebenen)

Kombinatorische Probleme

11. a) 15 Geraden b) 0.5n(n–1)

12. a) 40 Geraden
b) 0.5n(n–1) – 0.5k(k–1) + 1

13. a) 36 Ebenen b) 0.5n(n–1)

14. a) 40 Ebenen
b) 0.5n(n–1) – 0.5k(k–1) + 1

15. a) 21 Schnittgeraden b) 0.5n(n–1)

16. a) 45 Schnittgeraden
b) 0.5n(n–1) – 0.5k(k–1)

17. a) 20 Ebenen b) 120 Ebenen
c) $\frac{1}{6}n(n-1)(n-2)$

3.1.2 Winkel im Raum

18. a) $50° \leq \varphi_1 \leq 130°$
b) $\varphi \leq \varphi_1 \leq 180° - \varphi$

19. a) unendlich viele
b) unendlich viele

20. a) unendlich viele Geraden PQ; Q beliebiger Punkt auf n
b) nur eine Gerade PQ ; P und m bestimmen die Ebene ε, Q ist der Durchstosspunkt von n mit ε.

21. a) 60° b) 54.7°
c) 35.3° d) 70.5°

22. a) $\alpha = \beta = 54.6°$; $\gamma = 70.7°$
b) $\alpha = 57.8°$; $\beta = 43.8°$; $\gamma = 78.4°$
c) $\alpha = 35.4°$; $\beta = 19.3°$; $\gamma = 48.1°$
d) $\alpha = 96.3°$; $\beta = 70.8°$; $\gamma = 38.7°$

Behauptung falsch
(parallel zur Schnittgeraden)

a) $\arctan\left(\frac{1}{\sqrt{2}}\right) \approx 35.3°$

b) $\arctan\left(\sqrt{2}\right) \approx 54.7°$

c) $\arcsin\left(\frac{1}{2}\right) = 30°$

d) 90°

a) 23.8° b) 49.8° c) 25.1°

a) $\arcsin\left(\sqrt{\frac{3}{5}}\right) \approx 50.8°$

b) $\arcsin\left(\frac{1}{3}\right) \approx 19.5°$

70.5°

a) $135° - \arctan(2) \approx 71.6°$
b) 76.1°

a) 60° b) 31.9°

2 Ebenflächig begrenzte Körper

2.1 Das Prisma

ürfel und Quader

73.2%

$\left(\sqrt{\frac{S}{6}}\right)^3$

$S = 2k^2$;

$V = \left(\frac{k}{\sqrt{3}}\right)^3 = \frac{1}{3\sqrt{3}} k^3 = \frac{\sqrt{3}}{9} k^3$

$\sqrt{\frac{2}{3}}\, a \approx 0.817a$

14.3 dm

a) 2S b) 3S c) 4S d) nS

a) $\sqrt{\frac{1}{5}}\, a \approx 0.447\, a$

b) $\sqrt{\frac{1}{3}}\, a \approx 0.577\, a$

37. $\frac{2}{\sqrt{5}} a \approx 0.894\, a$

38. Dreiecke, Parallelogramme, Trapeze, Fünfecke

39. a) $\sqrt{0.5}\, v^2 \approx 0.707\, v^2$

b) $\sqrt{2}\, v^2 \approx 1.41\, v^2$

c) $\frac{\sqrt{5}}{2} v^2 \approx 1.12\, v^2$

d) $1.5\, v^2$

e) $\frac{\sqrt{6}}{2} v^2 \approx 1.23\, v^2$

40. 55.3 %

41. 2.03 dm^3

42. $c^2 = 2ab$

43. 1. Lösung: 7.50 cm; 9.99 cm; 15.6 cm
2. Lösung: 11.3 cm; 15.0 cm; 6.92 cm

44. 1. Lösung: 15.5 cm ; 27.4 cm
2. Lösung: 22.4 cm ; 13.1 cm

45. 1 : 1 : 4

46. $\frac{3a^2 - uv}{u + v}$

47. 2 : 1

48. 64.4 dm^3

49. 0.177

50. $4\sqrt{k^2 + S}$

51. 0.300 m ; 0.265 m

52. 256 cm^2

Das allgemeine Prisma

53. a) 15-seitiges Prisma
b) 12-seitiges Prisma
c) nicht möglich (kein Prisma)
d) 6-seitiges Prisma

54. a) $e = 2n$; $k = 3n$; $f = n + 2$
b) . . . der um 2 vergrösserten Anzahl der Kanten (Euler'scher Polyedersatz)

55. a) nein b) nein c) ja

56. $n(n-3)$

57. 7 cm ; 270 cm^3

58. a) $\left(3\sqrt{3} + 6\right) a^2 \approx 11.2\, a^2$

b) $1.5\sqrt{3} \cdot a^3 \approx 2.60\, a^3$

c) längere Körperdiagonale:
$\sqrt{5} \cdot a \approx 2.24\, a$
kürzere Körperdiagonale: 2a

59. a) $\sqrt[3]{\frac{4 \cdot \sqrt{3}}{3} V} \approx 1.32 \cdot \sqrt[3]{V}$

b) $\sqrt{\frac{2}{6 + \sqrt{3}} S} \approx 0.509 \cdot \sqrt{S}$

60. $\frac{\sqrt{3}}{24} \cdot a^3 \approx 0.0722\, a^3$

61. 41.5 dm^3

62. 260 cm^3

63. 446 cm^3 ; 372 cm^2

64. 1. Lösung: 5.37 dm
2. Lösung: 19.7 dm

65. 25.9°

Das Netz eines Prismas

66. a) $\sqrt{5}\, a \approx 2.24\, a$
b) $0.5\sqrt{10}\, a \approx 1.58\, a$

67. a) $0.5\sqrt{10}\, a \approx 1.58\, a$
b) $0.5\sqrt{50}\, a \approx 3.54\, a$

68. 18.0 cm

69. zuerst grafisch überlegen, 20.5 cm

70. 11 Möglichkeiten

3.2.2 Pyramide und Pyramidenstumpf

71. a) 16 Seitenflächen
b) ungerade Kantenzahl nicht möglich
c) 16 Kanten

72. a) $e = 4$, $k = 6$, $f = 4$
b) $e = 6$, $k = 10$, $f = 6$
c) $e = 13$, $k = 24$, $f = 13$
d) (1) $e = n + 1$, $k = 2n$, $f = n + 1$
(2) $e + f = k + 2$
Euler'scher Polyedersatz

73. nur folgende Fälle möglich: 3, 4 oder 5 Seitenflächen (Eckwinkel des Vielecks muss kleiner als 120° sein)

74. a) $2.35 \cdot 10^6\ m^3$ b) $2.02 \cdot 10^4\ m^2$

75. a) $\frac{1}{3} a^3 \approx 0.333\, a^3$

b) $2\sqrt{3}\, a^2 \approx 3.46\, a^2$

76. 58.7 %

77. 80.4°

78. $\frac{\sqrt{7}}{2} a^3 \approx 1.32\, a^3$

79. $\left(\left(1 + \frac{p}{100}\right)^3 - 1\right) \cdot 100\%$

80. 9 : 4

81. $V = \left(1 + \sqrt{2}\right) a^3 \approx 2.41\, a^3$

$S = 6\sqrt{3}\, a^2 \approx 10.4\, a^2$

82. $\sqrt[4]{\frac{1}{3}} \approx 0.760$

83. 2.25 s^3

84. $\frac{6 - 3\sqrt{2}}{4} \approx 0.439$

85. 3.81 m^2

86. 80.4°

87. $\frac{\sqrt{6}}{4} a \approx 0.612\, a$; $\frac{\sqrt{6}}{12} a \approx 0.204\, a$

88. a) 70.5° b) 73.2°

89. a) 45° b) 54.7° c) 109.5°

a) $\frac{\sqrt{5}}{2}\,s \approx 1.12\,s$ b) 104.5°

4.62 cm

9.20 cm

$\frac{\sqrt{2}}{6\,(2+\sqrt{3})}\,r^3 \approx 0.0632\,r^3$

$\frac{5}{16}\sqrt{2}\,a^3 \approx 0.442\,a^3$

a) $2.5\,a^3$

b) $\left(4 + \frac{7}{4}\sqrt{10} + \frac{9}{4}\sqrt{2}\right) a^2 \approx 12.7\,a^2$

hiefe Pyramide

a) Alle Seitenflächen sind rechtwinklige Dreiecke.
b) Die Seitenflächen mit der längsten Seitenkante als Schnittkante stehen weder zueinander noch zur Grundfläche senkrecht. Alle übrigen sind senkrecht zueinander.

$V = \frac{1}{6}a^3$

$S = \frac{5 + 2\sqrt{2} + \sqrt{5}}{4}\,a^2 \approx 2.52\,a^2$

$9.79\,cm^3$

$92.4\,cm^3$

). 14.8 cm

ramidenstumpf

12 : 7

$\frac{89}{108}\,a^3$

a) (1) 1.34% (2) 0.046%
b) |G – D| minimal (G ≠ D)

a) $\left(5 + 3\sqrt{15}\right) a^2 \approx 16.6\,a^2$

b) $\frac{7\sqrt{7}}{3\sqrt{2}}\,a^3 \approx 4.37\,a^3$

105. $706\,cm^3$

106. $\frac{27\,V}{13\,G}$

Das Netz (Abwicklung) von Pyramide und Pyramidenstumpf

107. a) ja b) ja c) nein
d) ja e) nein f) ja

108. Konstruktion

109. Konstruktion
Bedingungen:
1) $S_1F \perp AB$, $S_2F \perp BC$, . .
S_n : Entsprechende Eckpunkte der Seitenflächen (Spitze)
2) $\overline{FP_n}$, $\overline{P_nS_n}$ und die Pyramidenhöhe h bilden jeweils ein rechtwinkliges Dreieck.
P_n : Schnittpunkt von FS_n mit der entsprechenden Grundkante
3) $\overline{S_1B} = \overline{S_2B}$, $\overline{S_2C} = \overline{S_3C}$, . .

110. $\overline{SB} = 93$ mm , $h \approx 43$ mm

111. $\sqrt{\frac{7}{3}}\,a \approx 1.53\,a$

112. $\frac{\sqrt{2}}{6\left(1+\sqrt{3}\right)^3}\,s^3 \approx 0.0116\,s^3$

113. $x = \sqrt{72 + 36\sqrt{3}}$ cm ≈ 11.6 cm

$y = \sqrt{116 + 8\sqrt{3}}$ cm ≈ 11.4 cm

114. $\frac{169}{256}\sqrt{15}\,a \approx 2.56\,a$

115. $\frac{65}{27}\,a \approx 2.41\,a$

3.2.3 Prismatoide

116. $\frac{1}{6}\,bh(2a + c)$

117. $\frac{1}{6}\,h(2ab + 2cd + ad + bc)$

118. 600 cm^3

119. $\frac{\sqrt{3}}{4}\,a^3$

120. a) – b) 346 dm^3

121. a) 7 Ecken, 14 Kanten, 9 Flächen
b) $\overline{EF} = 1.22$ m ; $A_m = 1.00$ m^2
$V = 755$ dm^3

3.2.4 Reguläre Polyeder (Platonische Körper)

122. (1) Die Winkelsumme in einer Ecke ist kleiner als 360°, und für eine Ecke braucht es mindestens drei Flächen.
(2) In einer Ecke eines regulären Polyeders stossen zusammen:
3 Dreiecke (Tetraeder),
4 Dreiecke (Oktaeder),
5 Dreiecke (Ikosaeder),
3 Vierecke (Würfel),
3 Fünfecke (Dodekaeder)

123.

	e	f	k
Tetraeder	4	4	6
Würfel	8	6	12
Oktaeder	6	8	12
Ikosaeder	12	20	30
Dodekaeder	20	12	30

124. Ja! z.B. zwei Tetraeder mit einer gemeinsamen Seitenfläche

125. Würfel, Oktaeder, Ikosaeder, Dodekaeder

126. a) 9 , 9 b) 6 , 0 c) 9 , 9

127. Netze

128. a) Tetraeder b) Oktaeder
c) Würfel d) Ikosaeder

129. a) $2\sqrt{3}\,a^2$ b) $5\sqrt{3}\,a^2$

130. $\sqrt{\frac{2}{3}}\,a$

131. $1 : \sqrt[4]{\frac{1}{3}} : \sqrt[4]{\frac{4}{3}}$

132. a) 66.9 dm^2

b) $3 \cdot \sqrt[6]{3} \cdot \sqrt[3]{4} \cdot \sqrt[3]{V^2} \approx 5.72 \cdot \sqrt[3]{V^2}$

3 Krummflächig begrenzte Körper

.1 Der Kreiszylinder

3. $V = (92 \pm 19)\ \text{cm}^3$; $S = (112 \pm 16)\ \text{cm}^2$

4. 0.132 mm

5. a) $\frac{r}{R} = \sqrt{\frac{1}{2}}$ b) $\frac{M_i}{M_a} = \sqrt{\frac{1}{2}}$

6. $S = 415\ \text{cm}^2$; $V = 115\ \text{cm}^3$

7. 36.3 %

8. a) $\frac{V_A}{V_B} = 0.7$; $\frac{S_A}{S_B} = 0.906$

b) $\frac{V_A}{V_B} = \frac{b}{a}$; $\frac{S_A}{S_B} = \frac{b(b + 2\pi a)}{a(a + 2\pi b)}$

9. $r = 1.76$ dm ; $h = 4.11$ dm

0. 1.29 cm

1. $\frac{\sqrt{3}\,a - h}{2\sqrt{2}}$

2. a) $r_1 = 2.65$ cm ; $h_1 = 45.5$ cm
$r_2 = 9.73$ cm ; $h_2 = 3.37$ cm
b) $5.54\ \text{dm}^2$

3. 1. Lösung: 2.46 cm
2. Lösung: 9.69 cm

4. 596 mm

5.

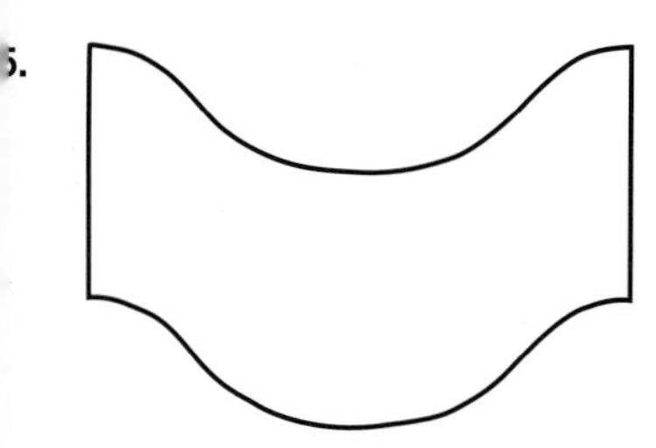

3.3.2 Kreiskegel und Kreiskegelstumpf

Kreiskegel

146.

	Symm. punkte	Symm. achsen	Symm. ebenen
a)	0	1	∞
b)	0	0	1

147. Herleitung

148. a) $V = (386 \pm 33)\ \text{cm}^3$
b) $S = (457 \pm 24)\ \text{cm}^2$
c) $\varphi = (296.0 \pm 5.8)°$

149. a) $\frac{\pi\sqrt{3}}{3} r^3$ b) $3\pi r^2$

c) 180°

150. $(\pi + 10.5)r^3 \approx 13.6\ r^3$

151. a) $392\ \text{cm}^3$ b) $150\ \text{cm}^3$

c) $\frac{\pi}{3} r^3 \sqrt{\left(\frac{2\pi}{\widehat{\varphi}}\right)^2 - 1}$

152. a) 1.74 b) 206.5°

153. 2.29 rad = 131.1°

154. a) 38.9° b) $2 \arcsin\left(\frac{1}{n}\right)$

155. $51.4\ \text{dm}^2$

156. 3.68 dm

157. $0.0435\ a^3$

158. a) $\frac{\pi - 2}{3} r^3$ b) $6.40\ r^2$

159. $1.36\ \text{dm}^3$

160. $64.7\ \text{cm}^2$; $40.4\ \text{cm}^3$

161. 163.6°

162. a) $28.4\ \text{dm}^3$

b) $\frac{\pi \cdot \sin^3\alpha}{3 \cdot \tan\left(\frac{\alpha}{2}\right)} r^3$

$= \frac{\pi}{3} (1 + \cos\alpha) \sin^2(\alpha) \cdot r^3$

163. $\frac{3}{4\sqrt{2}}\,d \approx 0.530\,d$

164. $\left(1 - \sqrt{\frac{1}{2}}\right) h \approx 0.293\,h$

165. 1.16 cm

166. $\frac{(h + 2r)^3}{6\,r\,h^2}$

167. a) 10.6 cm b) $\frac{1}{2}\left(r + \sqrt{r^2 + h^2}\right)$

168. a) 7.32 cm b) $\frac{1}{4}\left(\sqrt{3} - 1\right) h$

169. $3\sqrt{3}\,r$

Schiefer Kreiskegel

170. 1.02 dm^3

Kegelstumpf

171. a) 72.4 cm^3 ; 134 cm^2
b) 258.8°

172. 320 cm^2

173. 10.7%

174. $\frac{2\pi}{3}\sqrt{rR}\,(r^2 + R^2 + r\,R)$

175. 1.07 dm^3

176. 18.4 cm

3.3.3 Kugel und Kugelteile

177. $1 : \sqrt{3}$

178. a) b) Die Oberfläche nimmt um den Faktor 10 zu.

179. a) 21% b) 33.1%

180. $2\pi : 1$

181. $\frac{\sqrt{2}\,\pi}{2}\,r^3 \approx 2.22\,r^3$

182. a) 524 cm^3 b) 314 cm^2

183. 0.409

184. 3 : 2

185. a) 0.0356 a^3 b) 0.962 a^3

186. $\frac{\left(9 - 5\sqrt{3}\right)\pi}{8}\,a^3 \approx 0.133\,a^3$

187. 12.7 cm

188. 17.4 cm

Kugelteile

189. Herleitung

190. a) (201.7 ± 4.8) dm^2
b) (0.48 ± 0.11) dm^3

191. $\frac{\pi}{6}\sqrt{\left(a^2 - b^2\right)^3}$

192. $3.14 \cdot 10^7$ km^2

193. $\frac{2}{3}\,\pi r^3 \triangleq$ Halbkugelvolumen

194. a) 792 cm^3 b) $\frac{28}{81}\,\pi\,r^3$

195. $\frac{1}{249}\,r$

196. 4.74 cm ; 8.91 cm

197. 47.5 dm^3

198. $\left(3 - \sqrt{8}\right) r \approx 0.172\,r$

199. 14.0 cm

200. a) 17.9 dm^3 b) $\frac{\pi}{6}\left(\frac{3}{4}\,d^2 + h^2\right.$

201. a) 20.3° b) 20.3°

3.4 Rotationskörper

2. a) $V = 3\pi a^3 \approx 9.43\ a^3$
$S = 6\,(\sqrt{2} + 1)\pi\ a^2 \approx 45.5\ a^2$

b) $V = \frac{5}{6}\pi a^3 \approx 2.62\ a^3$

$S = (2\sqrt{2} + 3)\pi\ a^2 \approx 18.3\ a^2$

3. a) Herleitung b) Herleitung

4. $V = 4\pi^2 r^3 \approx 39.5\ r^3$
$S = 8\pi^2 r^2 \approx 79.0\ r^2$

5. a) $V = 1.5\pi^2 r^3 \approx 14.8\ r^3$
$S = 3\pi(2 + \pi)r^2 \approx 48.5\ r^2$

b) $V = 3\pi(2.6 - 0.5\pi)r^3 \approx 9.70\ r^3$
$S = 3\pi(4.6 + \pi)r^2 \approx 73.0\ r^2$

6. $\left(\frac{a^2 + ac + c^2}{3(a + c)} \,/\, \frac{h(2c + a)}{3(a + c)}\right)$

7. a) Abstände vom Zentrum:

$\frac{4}{3\pi}\ r \approx 0.424\ r$

$\frac{2}{\pi}\ r \approx 0.637\ r$

b) Abstände von den Umfangsradien:

$\frac{4}{3\pi}\ r \approx 0.424\ r$

$\frac{2}{\pi}\ r \approx 0.637\ r$

8. a) $V = \left(\pi + \frac{10}{3}\right)\pi r^3 \approx 20.3\ r^3$

$S = 2(\pi + 3)\,\pi\ r^2 \approx 38.6\ r^2$

b) $V = \frac{28}{3}\ \pi r^3 \approx 29.3\ r^3$

$S = 2\,(2\pi + 5)\pi\ r^2 \approx 70.9\ r^2$

3.4 Ähnliche Körper

209. (1) falsch (2) wahr
(3) wahr (4) falsch
(5) wahr (6) wahr
(7) falsch (8) wahr

210. a) 11.0 cm b) $441\ dm^2$
c) $17.3\ cm^2$ d) 11.0 cm
e) $1.19\ dm^3$

211. (1) gleicher Öffnungswinkel
(2) gleiches Verhältnis zwischen Radius und Höhe
(3) gleiches Verhältnis zwischen Länge, Breite und Höhe

212. (1) $\sqrt[3]{p} : \sqrt[3]{q}$ (2) $\sqrt[3]{p^2} : \sqrt[3]{q^2}$

213. 1.5 h

214. $\frac{7}{8}$

215. $\sqrt{2} \cdot \sqrt[3]{\frac{2}{3}}\ h$

216. 9.8 cm

217. $19.5\ cm^2$

218. kleine Pyramide:

$h_1 = \frac{1}{\sqrt[3]{3}}\ H \approx 0.693\ H$

kleiner Pyramidenstumpf:

$h_2 = \frac{\sqrt[3]{2} - 1}{\sqrt[3]{3}}\ H \approx 0.180\ H$

grosser Pyramidenstumpf:

$h_3 = \left(1 - \sqrt[3]{\frac{2}{3}}\right) H \approx 0.126\ H$

219. a) $\sqrt[3]{\frac{1}{n}}\ H$

b) $\left(1 - \sqrt[3]{\frac{n - 1}{n}}\right) H$

220. 27 : 1

221. a) $\left(1 - \frac{1}{\sqrt{2}}\right) h \approx 0.293\ h$

b) $\left(1 - \frac{1}{\sqrt[3]{2}}\right) h \approx 0.206\ h$

3.5 Extremwertaufgaben

222. 2.89 m

223. alle Kanten 81.7 cm

224. 3.33 cm ; 2.00 cm

225. 5.05 cm ; 5.05 cm

226. 35.6 m ; 35.6 m ; 11.9 m

227. 4.05 dm ; 4.05 dm ; 12.2 dm

228. 504 cm^3

229. 83.6 cm^3

230. 26.2 cm

231. 30.7 cm

232. $h = r = 50.5$ cm

233. 5.66 cm

234. 293.9°

235. 1.94 cm ; 2.58 cm

236. Minimum: $r_1 = 6.20$ cm, $h_1 = 12.4$ cm (ganze Kugel)
Minimum: $r_2 = 13.4$ cm, $h_2 = 2.67$ cm
Maximum: $r_3 = 7.82$ cm, $h_3 = 7.82$ cm (Halbkugel)

4. Vektorgeometrie

4.1 Der Vektorbegriff

1. Skalar: Eine Grösse, die allein durch den Betrag (Zahl mit Einheit) bestimmt ist.
Vektor: Eine Grösse, die durch Betrag und Richtung (im Raum) bestimmt ist.
Skalar: Temperatur, Masse, Arbeit, Energie, …
Vektor: Kraft, Geschwindigkeit, Beschleunigung, magnetische Feldstärke, Verschiebung

2. falsch ist: $a = b \Rightarrow \vec{a} = \vec{b}$

3. (1) $\overrightarrow{AM}, \overrightarrow{FE}, \overrightarrow{MD}, \overrightarrow{BC}$
(2) $\overrightarrow{AF}, \overrightarrow{ME}, \overrightarrow{BM}, \overrightarrow{CD}$

4. (1) $\overrightarrow{AD}, \overrightarrow{EH}, \overrightarrow{FG}$
(2) $\overrightarrow{CF}$
(3) –

5. $\vec{a}$ und $\vec{b}$ haben gleiche Richtung.

6. falsch sind:
(1) $|\vec{c}| < |\vec{a}| + |\vec{b}|$
(2) $\vec{a} = \vec{c} - \vec{b}$
(3) Betrag ≠ Vektor
(5) verschiedene Richtung
$|\vec{b}| = |\vec{c}| \cdot \sin\alpha$

4.2 Elementare Vektoroperationen

7. gemessen:
a) (9.8 cm / 66°) b) (13 cm / 27°)
c) (9 cm / 180°) d) (13 cm / 94°)
e) (17 cm / 36°) f) (18 cm / – 56°)

8. –

9. a) $2\vec{b}$ b) $2\vec{a}$ c) $\vec{0}$
d) $-2\vec{c}$

10. a) $\overrightarrow{AC}$ b) $\overrightarrow{UW}$ c) $\vec{0}$
d) $\overrightarrow{CE}$ e) $\overrightarrow{CB}$ f) $\overrightarrow{UZ}$
g) $\overrightarrow{PS}$ h) $2 \cdot \overrightarrow{AC}$ i) $\vec{0}$

11. –

12. a) $-\vec{a}$ b) $-\vec{b}$ c) $\vec{a} - \vec{b}$
d) $\vec{a} - 2\vec{b}$ e) $2\vec{b} - \vec{a}$

13. $\overrightarrow{DC} = -\frac{2}{3}\vec{a} - \frac{1}{3}\vec{b}$, $\overrightarrow{DB} = \frac{1}{3}\vec{a} - \frac{1}{3}\vec{b}$

14. a) $\overrightarrow{SA} = -\frac{2}{3}\vec{a} - \frac{1}{3}\vec{b}$,
$\overrightarrow{SB} = \frac{1}{3}\vec{a} - \frac{1}{3}\vec{b}$,
$\overrightarrow{SC} = \frac{1}{3}\vec{a} + \frac{2}{3}\vec{b}$
b) $\vec{0}$

15. Hinweis:
Verwenden Sie die Vektorgleichung
$\overrightarrow{m_a} = \overrightarrow{DE} = \overrightarrow{DB} + \vec{a} + \overrightarrow{CE}$
D: Mittelpunkt der Seite AB
E: Mittelpunkt der Seite AC

16. a) $\vec{a} + \vec{c}$
b) $\vec{a} + 0.5\vec{b} + \vec{c}$
c) $-0.5\vec{b} + \vec{c}$
d) $0.5\vec{a} + 0.5\vec{b} + 0.5\vec{c}$
e) $-0.5\vec{a} - 0.5\vec{c}$
f) $-0.5\vec{a} - 0.5\vec{b} + 0.5\vec{c}$

17. a) $0.5\vec{c} - 0.5\vec{a}$
b) $\vec{b} - 0.5\vec{c} + 0.5\vec{a}$
c) $\vec{b} - 0.5\vec{a} - 0.5\vec{c}$

Aufgaben aus der Physik

18. gemessen: $\vec{a}$ = (15 m / 31°)
$\vec{b}$ = (12.5 m / 58°)
$\vec{c}$ = (21 m / 150°)
$\vec{d}$ = (14.5 m / 285°)
$\vec{e}$ = (20 m / 180°)

19. $\vec{s}$ = (15 m / 60°)

$\vec{v} = \vec{v}_0 + \vec{a} \cdot t$; $\vec{s} = \vec{v}_0 \cdot t + \frac{1}{2} \cdot \vec{a} \cdot t^2$

$\vec{F}_R = (68.7\ N / 96.7°)$

$\vec{F}_R = \vec{G} + \vec{F} = 1504\ N / -70°)$

$\vec{v}_R = (6.85 \frac{m}{s} / -25.0°)$

–

$F_1 = 69\ N$; $F_2 = 85\ N$

537 N; 310 N

$\beta = 49°$

$4.7\ N < F_3 < 12.7\ N$

$F_2 = 398\ N$; $F_3 = 776\ N$; $F_4 = 754\ N$

$\vec{a}_m = (8.07 \frac{m}{s^2} / 68.3°)$

a) $a_m = 7.19 \frac{m}{s^2}$
b) $a_m = 7.22 \frac{m}{s^2}$
c) $a_m = 7.23 \frac{m}{s^2}$
d) $a_m = \frac{2 \cdot v^2 \cdot \sin\left(\frac{\varphi}{2}\right)}{r \cdot \widehat{\varphi}}$

3 Linearkombination und lineare Abhängigkeit von Vektoren

a) Linear abhängig
$\left(\overrightarrow{AP} = -\frac{1}{2}\overrightarrow{CD}\right)$
b) Linear unabhängig
c) Linear abhängig
(Drei Vektoren in einer Ebene sind stets linear abhängig.)
d) Linear unabhängig

a) Linear unabhängig
b) Linear abhängig
c) Linear abhängig

$\overrightarrow{AP}$ und $\overrightarrow{AB}$ sind linear abhängig $\Rightarrow P \in AB$
$\overrightarrow{AP}$ und $\overrightarrow{AB}$ sind linear unabhängig
$\Rightarrow P \notin AB$

35. 4 Punkte A, B, C und D
Falls $\overrightarrow{AB}$, $\overrightarrow{AC}$ und $\overrightarrow{AD}$ linear abhängig sind
$\Rightarrow$ Punkte liegen in einer Ebene

Bestimmung von Streckenverhältnissen

36. a) $\overrightarrow{BU} = -0.3 \cdot \overrightarrow{AB}$
b) $\overrightarrow{UV} = 1.05 \cdot \overrightarrow{AB}$

37. Beweis

38. Beweis

39. a) Verhältnis ist unabhängig von α.
b) $\frac{1}{3}$; unabhängig von α.
c) $u = \frac{y(x-1)}{xy-1}$; $v = \frac{x-1}{xy-1}$

40. a) weil sie in der Ebene ACE liegen.
b) $\overline{AG} : \overline{GH} = 6 : 1$

41. $\overline{PQ} : \overline{QR} = 3 : 1$

4.4 Vektoren im Koordinatensystem

4.4.1 Vektoren in der Ebene

42. –

43. $\vec{a} = \begin{pmatrix} 8 \\ 5 \end{pmatrix}$, $\vec{b} = \begin{pmatrix} -6 \\ 2 \end{pmatrix}$, $\vec{c} = \begin{pmatrix} 9 \\ 2 \end{pmatrix}$, $\vec{d} = \begin{pmatrix} 4 \\ 7 \end{pmatrix}$
$\vec{e} = \begin{pmatrix} -7 \\ 12 \end{pmatrix}$, $\vec{f} = \begin{pmatrix} 4 \\ -15 \end{pmatrix}$, $\vec{g} = \begin{pmatrix} -14 \\ -9 \end{pmatrix}$,

44. $\vec{r}_A = \begin{pmatrix} 2 \\ -1 \end{pmatrix}$, $\vec{r}_B = \begin{pmatrix} -4 \\ -3 \end{pmatrix}$

45. Ein Ortsvektor geht immer vom Ursprung des Koordinatensystems aus, bei einem Repräsentanten eines (freien) Vektors ist dies nicht nötig.

46. $|\vec{a}| = 8$ $|\vec{b}| = 5$
$|\vec{c}| = \sqrt{106}$ $|\vec{d}| = \sqrt{62.5}$

47. $\begin{pmatrix} -12 \\ 26 \end{pmatrix}$

48. $b_1 = -5$, $c_2 = -2$

49. $q_1 = 2$, $q_2 = -3$ $r_2 = 7.5$

50. $x = -4$, $y = -3.5$

51. a) $\vec{p}$ und $\vec{r}$ b) $\vec{v}$ und $\vec{w}$
c) keine d) $\vec{a}$, $\vec{b}$ und $\vec{c}$

52. a) $\vec{c} = 3\vec{a} + 2\vec{b}$
b) $\vec{c} = -1.5\vec{a} - 2.5\vec{b}$
c) $\vec{c} = 0 \cdot \vec{a} + 2.8\vec{b}$
d) $\vec{c} = 0.45\vec{a} + 1.2\vec{b}$
e) nicht möglich

53. a) $\begin{pmatrix} 7 \\ -4 \end{pmatrix}$ und $\begin{pmatrix} -7 \\ 4 \end{pmatrix}$

b) $k\begin{pmatrix} 7 \\ -4 \end{pmatrix}$ mit $k \in \mathbb{R}$

c) $k\begin{pmatrix} b_2 \\ -b_1 \end{pmatrix}$ mit $k \in \mathbb{R}$

54. a) $\overrightarrow{OA} = \begin{pmatrix} 4 \\ 2 \end{pmatrix}$, $\overrightarrow{AB} = \begin{pmatrix} -7 \\ 3 \end{pmatrix}$, $\overrightarrow{BA} = \begin{pmatrix} 7 \\ -3 \end{pmatrix}$,

$\overrightarrow{CA} = \begin{pmatrix} 2 \\ 3 \end{pmatrix}$, $\overrightarrow{BC} = \begin{pmatrix} 5 \\ -6 \end{pmatrix}$

b) $\overline{AB} = \sqrt{58}$, $\overline{BC} = \sqrt{61}$, $\overline{AC} = \sqrt{13}$

55. $\left(\frac{199}{14} / 0\right)$

56. $\vec{r}_M = \frac{1}{2}(\vec{r}_A + \vec{r}_B)$

57. $s_a = \left|\frac{1}{2}\vec{r}_B + \frac{1}{2}\vec{r}_C - \vec{r}_A\right| = \sqrt{545}$

Einheitsvektoren

58. $-1 \le e_1 \le 1$ und $-1 \le e_2 \le 1$

59. $\vec{e}_a = \begin{pmatrix} 1 \\ 0 \end{pmatrix}$, $\vec{e}_b = \begin{pmatrix} \sqrt{0.5} \\ \sqrt{0.5} \end{pmatrix}$, $\vec{e}_c = \begin{pmatrix} \sqrt{0.2} \\ -\sqrt{0.8} \end{pmatrix}$

60. a) 0 b) $\frac{\sqrt{3}}{2}$, $-\frac{\sqrt{3}}{2}$

c) 0.6; −0.6 d) $\sqrt{\frac{1}{2}}$, $-\sqrt{\frac{1}{2}}$

61. $\left(2 + \frac{40}{\sqrt{41}} / 10 - \frac{32}{\sqrt{41}}\right) \approx (8.25/5.00)$
und $\left(2 - \frac{40}{\sqrt{41}} / 10 + \frac{32}{\sqrt{41}}\right) \approx (-4.25/15.$

62. $D = (2 - 2.4\sqrt{5} / 10 - 1.2\sqrt{5}) \approx (-3.37/7.3$

63. a) $\vec{e}_1 = \begin{pmatrix} 0.4\sqrt{5} \\ -0.2\sqrt{5} \end{pmatrix}$

b) $2.6\sqrt{5} \approx 5.81$ c) $A' = (12.4/1.8)$

Winkelhalbierende

64. $\vec{w} = \vec{e}_x + \vec{e}_{0P} = \begin{pmatrix} 1.6 \\ 0.8 \end{pmatrix}$

65. $\approx \begin{pmatrix} 0.530 \\ 1.26 \end{pmatrix}$

66. $M_1(7.21/10)$, $M_2(-13.9/10)$

4.4.2 Vektoren im Raum

Das kartesische Koordinatensystem im Raum

67. A (4/−5/0), B (4/6/0), C (−3/6/0),
D (4/−5/10), E (4/6/10), F (−3/6/10)
G (−3/−5/10), H (0.5/6/5)

68. –

69. a) x-Achse b) x-y-Ebene
c) y-z-Ebene
d) Ebene parallel zur x-z-Ebene durch P (0/5/0)
e) Ebene parallel zur y-z-Ebene durch P (2/0/0)
f) Gerade parallel zur x-Achse durch P (0/3/3)

70. Halbgerade von O aus durch P (2/3/5).

71. a) P' (−2/3/5), $A'(-a_1/a_2/a_3)$
b) P' (2/3/−5), $A'(a_1/a_2/-a_3)$
c) P' (2/−3/−5), $A'(a_1/-a_2/-a_3)$
d) P' (−2/−3/5), $A'(-a_1/-a_2/a_3)$
e) P' (−2/−3/−5) $A'(-a_1/-a_2/-a_3)$
f) P' (10/9/7) $A'(12-a_1/12-a_2/12-a$

ktoren im räumlichen Koordinatensystem

. –

a) $\overrightarrow{EF}=\begin{pmatrix}0\\6\\0\end{pmatrix}$, $\overrightarrow{FG}=\begin{pmatrix}-4\\0\\0\end{pmatrix}$,

$\overrightarrow{HF}=\begin{pmatrix}4\\6\\0\end{pmatrix}$, $\overrightarrow{EG}=\begin{pmatrix}-4\\6\\0\end{pmatrix}$,

$\overrightarrow{BF}=\begin{pmatrix}0\\0\\5\end{pmatrix}$, $\overrightarrow{EA}=\begin{pmatrix}0\\0\\-5\end{pmatrix}$

b) $\overrightarrow{DF}=\begin{pmatrix}4\\6\\5\end{pmatrix}$, $\overrightarrow{AG}=\begin{pmatrix}-4\\6\\5\end{pmatrix}$,

$\overrightarrow{HB}=\begin{pmatrix}4\\6\\-5\end{pmatrix}$

c) $\overrightarrow{HI}=\begin{pmatrix}2\\3\\3\end{pmatrix}$, $\overrightarrow{EI}=\begin{pmatrix}-2\\3\\3\end{pmatrix}$,

$\overrightarrow{FI}=\begin{pmatrix}-2\\-3\\3\end{pmatrix}$, $\overrightarrow{IG}=\begin{pmatrix}-2\\3\\-3\end{pmatrix}$

d) $\overrightarrow{DI}=\begin{pmatrix}2\\3\\8\end{pmatrix}$, $\overrightarrow{AI}=\begin{pmatrix}-2\\3\\8\end{pmatrix}$,

$\overrightarrow{BI}=\begin{pmatrix}-2\\-3\\8\end{pmatrix}$, $\overrightarrow{IC}=\begin{pmatrix}-2\\3\\-8\end{pmatrix}$

a) $\vec{v}=\begin{pmatrix}2\\8\\4\end{pmatrix}$, b) $\vec{v}=\begin{pmatrix}-6.2\\7.4,\\-4.6\end{pmatrix}$

c) $\vec{v}=\begin{pmatrix}100\\-1\\16\end{pmatrix}$, d) $\vec{v}=\begin{pmatrix}k-p_1\\2k-p_2\\3k-p_3\end{pmatrix}$

E (2/8/12); F (10/10/12)

$b_1-a_1=d_1-c_1$ und $b_2-a_2=d_2-c_2$ und $b_3-a_3=d_3-c_3$

a) $|\vec{a}|=14.0$ $|\vec{b}|=20.8$
$|\vec{c}|=7.02$

b) $|\vec{a}|=2.91$ $|\vec{b}|=0.572$
$|\vec{c}|=3.49$

mentare Vektoroperationen

a) $\overrightarrow{OA}=\begin{pmatrix}1\\2\\3\end{pmatrix}$ $\overrightarrow{AB}=\begin{pmatrix}1\\-3\\1\end{pmatrix}$

$\overrightarrow{CB}=\begin{pmatrix}7\\-7\\-6\end{pmatrix}$

b) $\overline{AB}=\sqrt{11}$ $\overline{BC}=\sqrt{134}$
$\overline{AC}=\sqrt{101}$

79. $z=\begin{pmatrix}2\\9\\-14\end{pmatrix}$

80. a) Linear unabhängig
b) Linear abhängig, $\vec{a}=5\cdot\vec{b}$
c) Linear abhängig,
$3.5\vec{a}-2.5\vec{b}-0.5\vec{c}=\vec{0}$
d) Linear unabhängig

81. a) $\vec{x}=\begin{pmatrix}8\\13\\-20.5\end{pmatrix}$
b) $\vec{y}=\begin{pmatrix}25.5\\4\\-9.5\end{pmatrix}$
c) $\vec{z}=\begin{pmatrix}35\\24\\-35\end{pmatrix}$

82. a) $\vec{u}=\vec{r}-\vec{s}+2\vec{t}$
b) $\vec{u}=-2\vec{r}+1.5\vec{s}-0.5\vec{t}$
c) $\vec{u}=-15\vec{r}-8.5\vec{s}+4.5\vec{t}$

83. 29.7

84. $\overline{AB}=8.31$ $\overline{BC}=7.87$
$\overline{CD}=13.4$ $\overline{AC}=15.4$
$\overline{BD}=6.16$ $\overline{AD}=5.75$

85. a) $\begin{pmatrix}1\\0\\0\end{pmatrix}$ b) $\begin{pmatrix}-0.8\\0.6\\0\end{pmatrix}$

c) $\begin{pmatrix}\frac{8}{9}\\\frac{4}{9}\\-\frac{1}{9}\end{pmatrix}$ d) $\begin{pmatrix}\frac{1}{\sqrt{3}}\\-\frac{1}{\sqrt{3}}\\\frac{1}{\sqrt{3}}\end{pmatrix}$

e) $\begin{pmatrix}0.196\\0.784\\0.588\end{pmatrix}$ f) $\frac{\vec{a}}{|\vec{a}|}$

86. a) $\begin{pmatrix}-2\\3\\-6\end{pmatrix}$ b) $\begin{pmatrix}2\\-3\\6\end{pmatrix}$

87. a) $\vec{r}_M=\begin{pmatrix}2\\-1\\4\end{pmatrix}$

b) $\vec{r}_M=\frac{1}{2}(\vec{r}_A+\vec{r}_B)$

88. a) $S\left(\frac{4}{3}/2/\frac{8}{3}\right)$; $\overline{OS} = \left|\overrightarrow{OS}\right| = 3.59$

b) $\vec{r}_S = \frac{1}{3}\cdot\left(\vec{r}_A + \vec{r}_B + \vec{r}_C\right)$

89. C (–5/5/11)

90. a) nein, z.B. D (0/–10/–6)
b) nein, z.B. D (–3/3/8)

91. a) D (9/12/–2)
b) D (11.5/–12.1/–1)

92. y = 2 ; z = 12

93. (0/18/0) und (0/14/0)

94. $D_1(15/2/19)$; $D_2\left(8\frac{1}{3}/27\frac{1}{3}/-3\frac{2}{3}\right)$

95. a) 55.1 cm b) 2.12 dm

Aufgaben aus der Physik

96. $\vec{F}_R = \begin{pmatrix} 2.4 \\ -3.8 \\ 20.7 \end{pmatrix}\,\text{N}$

97. $\vec{F} = \begin{pmatrix} -5.5 \\ -14.5 \\ 6.6 \end{pmatrix}\,\text{N}$

98. a) $\vec{F}_3 = \begin{pmatrix} 100 \\ 100 \\ \sqrt{2}\cdot 100 \end{pmatrix}\,\text{N}$

b) $\vec{F}_R = \begin{pmatrix} 300 \\ 300 \\ \sqrt{2}\cdot 100 \end{pmatrix}\,\text{N}$

99. a) $\vec{r}(t) = \begin{pmatrix} v_0 \cdot t \\ h - \frac{1}{2}gt^2 \end{pmatrix}$

b) Wurfweite: 6.33 m

c) $\vec{v}(t) = \begin{pmatrix} v_0 \\ -gt \end{pmatrix}$

$\vec{v}(0.2\,\text{s}) = \begin{pmatrix} 5 \\ -2 \end{pmatrix}\frac{\text{m}}{\text{s}}$

$\vec{v}(0.6\,\text{s}) = \begin{pmatrix} 5 \\ -6 \end{pmatrix}\frac{\text{m}}{\text{s}}$

$\vec{v}(1\,\text{s}) = \begin{pmatrix} 5 \\ -10 \end{pmatrix}\frac{\text{m}}{\text{s}}$

100. a) $\vec{r}(t) = \begin{pmatrix} v_{01} \cdot t \\ v_{02} \cdot t - \frac{1}{2}gt^2 \end{pmatrix}$

b) Wurfhöhe: 16.2 m;
Wurfweite: 54 m

c) $\vec{v}(t) = \begin{pmatrix} v_{01} \\ v_{02} - gt \end{pmatrix}$

$\vec{v}(0.2\,\text{s}) = \begin{pmatrix} 15 \\ 16 \end{pmatrix}\frac{\text{m}}{\text{s}}$

$\vec{v}(1\,\text{s}) = \begin{pmatrix} 15 \\ 8 \end{pmatrix}\frac{\text{m}}{\text{s}}$

$\vec{v}(2\,\text{s}) = \begin{pmatrix} 15 \\ -2 \end{pmatrix}\frac{\text{m}}{\text{s}}$

$\vec{v}(3.6\,\text{s}) = \begin{pmatrix} 15 \\ -18 \end{pmatrix}\frac{\text{m}}{\text{s}}$

4.5 Skalarprodukt

101. a) 0° b) 75° c) 180°
d) 120° e) 40° f) 115°

102. a) 31.6 b) 15.4 c) 12.8
d) 15.4 e) 0 f) –431

103. a) 60° b) 79.1° c) 129.3°
d) 90° e) 180°

104. a) 74 b) –1.8
c) 134.75 d) –41.14

105. rechnerisch
a) 57.5° b) 76.3°
c) 157.2° d) 84.5°

106. a) 79.2° b) 110.6°
c) 75.6° d) 84.8°

107. a) 46.3°; 54.2°; 64.8°
b) 136.2°; 128.2°; 108.0°

108. $a_1 = 1.5$

109. 35.3°

110. a) 53.9°; 30.3°; 17.6°
b) 34.9°; 28.1°; 42.2°

111. a) $\alpha = 63.4°$; $\beta = 71.6°$; $\gamma = 45.0°$
b) $\alpha = 67.0°$; $\beta = 86.0°$; $\gamma = 27.0°$

2. 45°

3. $y_1 = 1$; $y_2 = -1$

4. a) $(\cos 46.9°)^2 + (\cos 55.3°)^2 + (\cos 62.9°)^2 = 1$
b) Beweis

5. a) Skalar
b) nicht definiert
c) Vektor
d) nicht definiert

6. Beweise

7. a) z.B. $\begin{pmatrix} 1 \\ 6 \end{pmatrix}$; $\begin{pmatrix} 0 \\ 10 \end{pmatrix}$; $\begin{pmatrix} 0.25 \\ 9 \end{pmatrix}$
b) Weil die Gleichung $\vec{a} \circ \vec{x} = k \quad (k \neq 0)$ unendlich viele Lösungen hat.

8. Graph von $y = 10 \cos \varphi$;
Wertebereich: $-10 \leq y \leq 10$
Nullstelle: $\varphi = 90°$

9. $(\vec{a} \circ \vec{b}) \cdot \vec{c} = u \cdot \vec{c}$ und $\vec{a} \cdot (\vec{b} \circ \vec{c}) = v \cdot \vec{a}$
aus $u \cdot \vec{c} = v \cdot \vec{a}$ folgt:
$\vec{a}$ und $\vec{c}$ sind kollinear → Widerspruch!

. a) Division «Skalar durch Vektor» kann nicht sinnvoll definiert werden. (Siehe Aufgabe 117)
b) wahr
c) wahr
d) falsch; richtig wäre $|\vec{a}| = 3$
e) falsch; $a = b$ und $\sphericalangle(\vec{a}, \vec{b}) \neq 0°$
f) falsch; $\vec{a} = \begin{pmatrix} 3 \\ 0 \end{pmatrix}, \vec{b} = \begin{pmatrix} 2 \\ 1 \end{pmatrix}, \vec{c} = \begin{pmatrix} 2 \\ -1 \end{pmatrix}$

. a) richtig
b) falsch; letzter Term muss ein Skalar sein
c) falsch;
für $\gamma \neq 0°: a^2 \cdot b^2 \cdot \cos^2\gamma \neq a^2 \cdot b^2$
d) richtig
e) falsch; Assoziativgesetz nicht gültig
f) falsch; Division «Vektor durch Vektor» nicht definiert

Orthogonale Vektoren

122. a) nein b) ja c) nein

123. a) -4.5 b) -3 c) $2; -4$

124. $\vec{x} = \lambda \begin{pmatrix} 1 \\ 1.75 \\ -1 \end{pmatrix}, \lambda \in \mathbb{R}$

125. a) $P_1(0/-1.56/0)$, $P_2(0/2.56/0)$
b) $H(0/0.5/0)$, $\sphericalangle AHB = 99.6°$

126. $A_1(2.65/5.70/0)$, $A_2(4.15/2.70/0)$, $D(-1/2/-1)$

127. $(1.6/-13.8/0)$, $(-5/6/0)$

128. Beweise

129. Beweise

Normalprojektion eines Vektors

130. a) $\frac{1}{31}\begin{pmatrix} 45 \\ -72 \\ 18 \end{pmatrix} \approx \begin{pmatrix} 1.45 \\ -2.32 \\ 0.581 \end{pmatrix}$
b) $\frac{1}{103}\begin{pmatrix} 222 \\ -259 \\ -407 \end{pmatrix} \approx \begin{pmatrix} 2.16 \\ -2.51 \\ -3.95 \end{pmatrix}$
c) $\vec{p} = \left(\frac{\vec{a} \circ \vec{u}}{u^2}\right)\vec{u}$

131. 22.9 cm, $S(2/2/1)$

132. $h_c \approx 15.5$, $\overrightarrow{PC} \approx \begin{pmatrix} -3.6 \\ 14.2 \\ -5 \end{pmatrix}$

133. 3.73

Flächeninhalt eines Dreiecks

134. $A = \frac{1}{2} \cdot a \cdot b \cdot \sin \gamma$, $\cos \gamma = \frac{\vec{a} \circ \vec{b}}{|\vec{a}| \cdot |\vec{b}|}$
und $\sin^2\gamma + \cos^2\gamma = 1$

135. Ja, weil $|-\vec{a}| = |\vec{a}|$ und $(-\vec{a} \circ \vec{b}) = (\vec{a} \circ \vec{b})^2$

136. a) $8.65\ m^2$ b) $136\ m^2$

137. $136\ cm^2$

Aufgaben aus der Physik

138. a) 41 Nm b) 57.4°

139. a) 110 Nm b) 57.5°

140. 60°

4.6 Die Gerade

141. $\vec{r}$ und $\vec{r}_A$ sind Ortsvektoren, sie gehen immer vom Nullpunkt des Koordinatensystems aus, $\vec{u}$ ist ein freier Vektor.

142. –

143. a) Halbgerade (Strahl)
b) Strecke (Länge: $|\vec{u}|$)
c) Strecke (Länge: $12|\vec{u}|$)
d) unendlich viele Punkte einer Geraden mit dem Abstand $|\vec{u}|$.

144. $\vec{r} = \vec{r}_P + t \cdot \vec{v}, \quad t \in \mathbb{R}_0^+$

145. a) $x = 3, \quad y = 7t - 5, \quad z = -4t$
b) $\vec{r} = \begin{pmatrix} -5 \\ 12 \\ 0 \end{pmatrix} + t \begin{pmatrix} 3 \\ 0 \\ 10 \end{pmatrix}$

146. —

147. A und C

148. a) $\vec{u} = k \cdot \begin{pmatrix} 5 \\ -1 \\ 3 \end{pmatrix}, \quad k \in \mathbb{R}\backslash\{0\}$
b) $\vec{r}_A$ muss die Parametergleichung erfüllen. (Der Ausgangspunkt muss auf der Geraden liegen).
z.B. $t = 1 \Rightarrow \vec{r}_A = \begin{pmatrix} 7 \\ 4 \\ -1 \end{pmatrix}$

149. a) $\vec{r} = \begin{pmatrix} -30 \\ -20 \\ 0 \end{pmatrix} + \lambda \begin{pmatrix} 4 \\ 3 \\ 1 \end{pmatrix}$
b) $\vec{r} = \begin{pmatrix} -2 \\ -4.5 \\ 0 \end{pmatrix} + \lambda \begin{pmatrix} 6 \\ 9 \\ 2 \end{pmatrix}$
c) $\vec{r} = \begin{pmatrix} 0.4 \\ 0.8 \\ 0 \end{pmatrix} + \lambda \begin{pmatrix} 1 \\ 2 \\ 5 \end{pmatrix}$

150. a) $\vec{r} = \begin{pmatrix} 0 \\ 5 \end{pmatrix} + t \begin{pmatrix} 3 \\ 2 \end{pmatrix}$
b) $\vec{r} = \begin{pmatrix} 0 \\ b \end{pmatrix} + t \begin{pmatrix} 1 \\ a \end{pmatrix}$

151. $y = 0.75x - 2.5$

152. a) x-Achse: $\vec{r} = t \begin{pmatrix} 1 \\ 0 \\ 0 \end{pmatrix}$
y-Achse: $\vec{r} = t \begin{pmatrix} 0 \\ 1 \\ 0 \end{pmatrix}$
z-Achse: $\vec{r} = t \begin{pmatrix} 0 \\ 0 \\ 1 \end{pmatrix}$
b) $\vec{r} = t \cdot \overrightarrow{OA} = t \cdot \vec{r}_A$

153. a) $\vec{r} = \begin{pmatrix} 1 \\ 2 \\ 3 \end{pmatrix} + t \begin{pmatrix} 2 \\ 0 \\ -1 \end{pmatrix}$
b) $\vec{r} = \begin{pmatrix} 4 \\ -3 \\ -9 \end{pmatrix} + t \begin{pmatrix} -7 \\ 3 \\ 7 \end{pmatrix}$
c) $\vec{r} = \begin{pmatrix} -6 \\ 5 \\ 0 \end{pmatrix} + t \begin{pmatrix} 6.5 \\ -\frac{13}{3} \\ \frac{3}{4} \end{pmatrix} = \begin{pmatrix} -6 \\ 5 \\ 0 \end{pmatrix} + t \begin{pmatrix} 78 \\ -52 \\ 9 \end{pmatrix}$

154. a) auf z-Achse
b) in x-z-Ebene und parallel zur x-Achs
c) in x-y-Ebene
d) parallel zur y-z-Ebene

155. a) $\vec{r} = \begin{pmatrix} 2 \\ -1 \\ 5 \end{pmatrix} + t \begin{pmatrix} 3 \\ 1 \\ -5 \end{pmatrix}$
b) $\vec{r} = \begin{pmatrix} 4 \\ 3 \\ -3 \end{pmatrix} + t \begin{pmatrix} 1 \\ 0 \\ 0 \end{pmatrix}$
c) $\vec{r} = \begin{pmatrix} 7 \\ 5 \\ 3 \end{pmatrix} + t \begin{pmatrix} 0 \\ 1 \\ 0 \end{pmatrix}$
d) $\vec{r} = \begin{pmatrix} 2 \\ 1 \\ 8 \end{pmatrix} + t \begin{pmatrix} x \\ y \\ 0 \end{pmatrix}$ wobei $\begin{pmatrix} x \\ y \\ 0 \end{pmatrix} \neq \vec{0}$

156. a) $\vec{r} = t \begin{pmatrix} 1 \\ 1 \\ 1 \end{pmatrix}$
b) $\vec{r} = \begin{pmatrix} 1 \\ 0 \\ 1 \end{pmatrix} + t \begin{pmatrix} 0 \\ 1 \\ 0 \end{pmatrix}$
c) $\vec{r} = \begin{pmatrix} 1 \\ 1 \\ 1 \end{pmatrix} + t \begin{pmatrix} 1 \\ 0 \\ 0 \end{pmatrix}$

d) $\vec{r} = \begin{pmatrix} 1 \\ 1 \\ 0 \end{pmatrix} + t \begin{pmatrix} 0 \\ 0 \\ 1 \end{pmatrix}$

e) $\vec{r} = \begin{pmatrix} 1 \\ 0 \\ 0 \end{pmatrix} + t \begin{pmatrix} 0 \\ 1 \\ 1 \end{pmatrix}$

f) $\vec{r} = \begin{pmatrix} 1 \\ 1 \\ 0 \end{pmatrix} + t \begin{pmatrix} 0 \\ -1 \\ 1 \end{pmatrix}$

g) $\vec{r} = \begin{pmatrix} 1 \\ 0 \\ 1 \end{pmatrix} + t \begin{pmatrix} -1 \\ 1 \\ 0 \end{pmatrix}$

h) $\vec{r} = \begin{pmatrix} 0 \\ 1 \\ 0 \end{pmatrix} + t \begin{pmatrix} 1 \\ -1 \\ 1 \end{pmatrix}$

a) $\vec{r} = \begin{pmatrix} 3 \\ -2 \\ 1 \end{pmatrix} + t \begin{pmatrix} 2 \\ 4 \\ 1 \end{pmatrix}$
b) ja

a) $S_{xy}(6/16/0)$, $S_{xz}(-2/0/8)$, $S_{yz}(0/4/6)$
b) $S_{xy}(2/-10/0)$, $S_{xz}(2/0/6)$,
S_{yz} existiert nicht
c) $S_{xy}(5/6/0)$, S_{xz} existiert nicht,
$S_{yz}(0/6/-1)$

$\overline{AB} = 14.4$ cm

$$\frac{a_1}{a_1 - b_1} = \frac{a_2 - c_2}{a_2} = \frac{c_3}{b_3}$$

$\wedge\ b_1 \neq a_1 \wedge a_2 \neq c_2 \wedge b_3 \neq c_3$

$\vec{r} = \begin{pmatrix} 2 \\ 3 \\ 0 \end{pmatrix} + t \begin{pmatrix} 2 \\ -3 \\ 0 \end{pmatrix}$

oder $\vec{r} = \begin{pmatrix} 4 \\ 0 \\ 0 \end{pmatrix} + t \begin{pmatrix} 2 \\ -3 \\ 0 \end{pmatrix}$

(14/0/12) und (32/–5/26)

a) (1) Beweis

(2) $\vec{r} = \vec{r}_E + t \cdot \overrightarrow{AB} = \begin{pmatrix} 2 \\ 4 \\ 6.5 \end{pmatrix} + t \begin{pmatrix} -2 \\ 1 \\ -3 \end{pmatrix}$

b) BC // AD, aber A, B, C und D auf einer Geraden.

a) $C_1(-1.50/-1.50/-5.98)$
$C_2(2.61/2.61/10.4)$
b) C (0.555/0.555/2.22)

351 cm²

B ≈ (–7.52/–5.72/3.97)
$C_1 \approx (7.47/-11.2/14.9)$
$C_2 \approx (-4.99/7.48/-9.98)$

Gegenseitige Lage von Geraden

167. a) S(0/8/15); 65.4°
b) windschief
c) S(0/0/7); 90°
d) zusammenfallend
e) windschief
f) windschief

168. a) S(33/44/55); 63.7°
b) parallel

169. a) Schnittpunkte
$S_1(2.5/-6/-9.5)$ $S_2(1/-9/-17)$
$S_3(10/-11/0.5)$; 42.3 cm²
b) 2 Geraden sind windschief ⇒ keine Dreiecksfläche

170. $g_1 \perp g_2$, $g_1 \perp g_3$, $g_2 \perp g_3$

171. a) $\vec{r} = \begin{pmatrix} 18 \\ 13 \\ 17 \end{pmatrix} + t \begin{pmatrix} 5 \\ 7 \\ -2 \end{pmatrix}$

b) $\vec{r} = \begin{pmatrix} 18 \\ 13 \\ 17 \end{pmatrix} + t \begin{pmatrix} 331 \\ -93 \\ 502 \end{pmatrix} \approx \begin{pmatrix} 18 \\ 13 \\ 17 \end{pmatrix} + t \begin{pmatrix} 3.56 \\ -1 \\ 5.40 \end{pmatrix}$

172. $P_1\left(\frac{25}{3}/\frac{5}{3}/\frac{20}{3}\right)$ und $P_2(5/5/10)$

173. P(2.88/3.84/0)

174. $\vec{r} = \begin{pmatrix} 35.6 \\ 0 \\ 0 \end{pmatrix} + t \begin{pmatrix} -24.6 \\ 17 \\ 4 \end{pmatrix}$

oder $\vec{r} = \begin{pmatrix} 11 \\ 17 \\ 4 \end{pmatrix} + t \begin{pmatrix} 24.6 \\ -17 \\ -4 \end{pmatrix}$

Abstandsprobleme

175. a) 5.04 b) 2.31 c) 11.2
d) $\left| \vec{r}_A - \frac{\vec{r}_A \cdot \vec{u}}{u^2} \cdot \vec{u} \right|$

176. a) $\overline{PA} = \sqrt{2}$ b) $\overline{PA} = 5.42$
c) $\overline{PA} = 37.3$

177. a) $\vec{s} = \begin{pmatrix} 1\,\text{m} \\ -2\,\text{m} \\ 3\,\text{m} \end{pmatrix} + t \begin{pmatrix} 1\frac{\text{m}}{\text{s}} \\ 1.2\frac{\text{m}}{\text{s}} \\ 1\frac{\text{m}}{\text{s}} \end{pmatrix}$
b) P(16 m/16 m/18 m)
c) 1.38 s

178. 11.8

179. M(0/0/3.79) r = 5.09

4.7 Das Vektorprodukt

180. a) $-\frac{15}{2}\vec{c}$ b) $-\frac{6}{5}\vec{a}$

c) $\frac{10}{3}\vec{b}$ d) $-15\vec{c}$

181. (1) Für zweidimensionale Vektoren ist das Vektorprodukt nicht definiert.
(2) Der linke Vektor ist nicht 3-dimensional.
(3) k ist kein Vektor.
(4) $\vec{a} \circ \vec{b}$ ist kein Vektor.

182. (1) $\vec{e}_z$ (2) $\vec{e}_x$ (3) $-\vec{e}_y$ (4) $-\vec{e}_x$

183. Beweis

184. a) $\begin{pmatrix} -8 \\ 2 \\ -1 \end{pmatrix}$ b) $\begin{pmatrix} 17 \\ -9 \\ -40 \end{pmatrix}$

c) $\begin{pmatrix} 0 \\ 0 \\ 0 \end{pmatrix} = \vec{0}$ d) $\begin{pmatrix} v_3-v_2 \\ v_1-v_3 \\ v_2-v_1 \end{pmatrix}$

185. $\begin{pmatrix} 0.931 \\ -0.0517 \\ -0.362 \end{pmatrix}$ und $\begin{pmatrix} -0.931 \\ 0.0517 \\ 0.362 \end{pmatrix}$

186. $\vec{r} = \begin{pmatrix} 8 \\ 5 \\ 1 \end{pmatrix} + t\begin{pmatrix} 35 \\ 22 \\ 30 \end{pmatrix}$, $t \in \mathbb{R}$

187. $S_1(12.2/8.49/-7.95)$, $S_2(-0.222/3.51/12.0)$

188. a) $\begin{pmatrix} 2 \\ 0 \\ -5 \end{pmatrix}$ oder $\begin{pmatrix} -2 \\ 0 \\ 5 \end{pmatrix}$ b) $\begin{pmatrix} 0 \\ 2 \\ 3 \end{pmatrix}$ oder $\begin{pmatrix} 0 \\ -2 \\ -3 \end{pmatrix}$

c) $\begin{pmatrix} 6 \\ 10 \\ 15 \end{pmatrix}$ oder $\begin{pmatrix} -6 \\ -10 \\ -15 \end{pmatrix}$ d) $\begin{pmatrix} 6 \\ 10 \\ -15 \end{pmatrix}$ oder $\begin{pmatrix} -6 \\ -10 \\ 15 \end{pmatrix}$

189. Beweise

190. $(\vec{a} \times \vec{b}) \times \vec{c} = \begin{pmatrix} 4 \\ 15 \\ -6 \end{pmatrix}$;

$\vec{a} \times (\vec{b} \times \vec{c}) = \begin{pmatrix} 112 \\ -120 \\ -276 \end{pmatrix}$;

Das Assoziativgesetz gilt nicht!

191. (1) Beweis
(2) Wenn das Vektorprodukt zweier Vektoren ($\neq \vec{0}$) der Nullvektor ist, dann sind die beiden Vektoren linear abhängig.

192. a) $\vec{0}$ b) 0
c) 0 d) $\tan\varphi$ mit $\varphi = \sphericalangle(\vec{a}, \vec{b})$

193. a) $\vec{0}$ b) $2(\vec{a} \times \vec{b})$
c) $7(\vec{a} \times \vec{b})$ d) $|\vec{a}|^2 \cdot |\vec{b}|^2$

194. a) $\vec{v} = \lambda\begin{pmatrix} 6 \\ 1 \\ 2 \end{pmatrix}$ mit $\lambda \in \mathbb{R}$

b) $\vec{v} = \begin{pmatrix} 4 \\ -1 \\ 0 \end{pmatrix} + \lambda\begin{pmatrix} 6 \\ 1 \\ 2 \end{pmatrix}$ mit $\lambda \in \mathbb{R}$

195. $x = 18$; $\vec{a} = \begin{pmatrix} 6\lambda-1 \\ \frac{-2}{3}\lambda-\frac{1}{3} \\ \lambda \end{pmatrix}$ mit $\lambda \in \mathbb{R}\setminus\{0\}$

196. $\sphericalangle(\vec{a}, \vec{b}) = 45°$

197. Beweis

Flächeninhalt eines Dreiecks

198. a) 8.65 cm² b) 136 cm²

199. 136 m²

200. Beweis

Volumen eines Spats

201. a) 658 cm³ b) $V = |(\vec{a} \times \vec{b}) \circ \vec{c}|$

202. 95.8 m³

Abstandsprobleme

203. a) Beweis b) 5.42 c) 37.3

204. a) *Idee:* Betrachten Sie den Spat, der v den Vektoren $\vec{u}$, $\vec{v}$ und $\vec{r}_G - \vec{r}_H$ aufgespannt wird.

b) $d_x = \frac{17}{\sqrt{89}} \approx 1.80$, $d_y = \frac{21}{\sqrt{41}} \approx 3.28$

$d_z = \sqrt{5} \approx 2.24$

c) 3.67

3 Die Ebene

e Parametergleichung einer Ebene

5. (2) weil $\begin{pmatrix} 4 \\ -2 \\ 8 \end{pmatrix}$ und $\begin{pmatrix} -2 \\ 1 \\ -4 \end{pmatrix}$ kollinear sind.
   (6) weil die Gleichung 3 Parameter hat und die drei Vektoren linear unabhängig sind.

6. a) $C \notin AB$ und die Ebene ε (ABC) geht durch den Ursprung O.
   b) $C \notin AB$
   c) wie a)

7. a) $\vec{r} = \vec{r}_A + s \cdot \vec{c} + t \cdot \vec{d}$
   $\vec{r}_A$: Ortsvektor eines beliebigen Punktes A der Ebene
   $\vec{c} = v \cdot \vec{a} + w \cdot \vec{b}, \quad v, w \in \mathbb{R}$
   $\vec{d} = p \cdot \vec{a} + q \cdot \vec{b}, \quad p, q \in \mathbb{R}$
   wobei $\vec{d} \neq k \cdot \vec{c}$
   b) unendlich viele Lösungen

8. –

9. a) $\vec{r} = \begin{pmatrix} -2 \\ -1 \\ -3 \end{pmatrix} + s \begin{pmatrix} 1 \\ -1 \\ 3 \end{pmatrix} + t \begin{pmatrix} -4 \\ 2 \\ 0 \end{pmatrix}$
   b) $\vec{r} = \begin{pmatrix} 6 \\ 3 \\ -15 \end{pmatrix} + s \begin{pmatrix} 1 \\ -1 \\ 3 \end{pmatrix} + t \begin{pmatrix} -4 \\ 2 \\ 0 \end{pmatrix}$
   c) $\vec{r} = \begin{pmatrix} -2 \\ 1 \\ 3 \end{pmatrix} + s \begin{pmatrix} -1 \\ -1 \\ 3 \end{pmatrix} + t \begin{pmatrix} 4 \\ 2 \\ 0 \end{pmatrix}$
   d) $\vec{r} = \begin{pmatrix} 2 \\ -1 \\ -3 \end{pmatrix} + s \begin{pmatrix} 1 \\ 1 \\ -3 \end{pmatrix} + t \begin{pmatrix} -4 \\ -2 \\ 0 \end{pmatrix}$

. a) $\vec{r} = s \begin{pmatrix} 4 \\ 2 \\ -1 \end{pmatrix} + t \begin{pmatrix} 1 \\ -2 \\ 5 \end{pmatrix}$
   b) $\vec{r} = \begin{pmatrix} 1 \\ 0 \\ 0 \end{pmatrix} + s \begin{pmatrix} -1 \\ 2 \\ 0 \end{pmatrix} + t \begin{pmatrix} -1 \\ 0 \\ 3 \end{pmatrix}$
   c) $\vec{r} = \begin{pmatrix} 1 \\ 2 \\ 3 \end{pmatrix} + s \begin{pmatrix} -3 \\ 1 \\ 3 \end{pmatrix} + t \begin{pmatrix} 7 \\ -14 \\ 1 \end{pmatrix}$

. a) $\vec{r} = \begin{pmatrix} 2 \\ 3 \\ 5 \end{pmatrix} + s \begin{pmatrix} 1 \\ -1 \\ 0 \end{pmatrix} + t \begin{pmatrix} -2 \\ 4 \\ 3 \end{pmatrix}$
   b) $\vec{r} = \begin{pmatrix} 1 \\ 0 \\ 1 \end{pmatrix} + s \begin{pmatrix} 0 \\ 1 \\ 2 \end{pmatrix} + t \begin{pmatrix} 11 \\ -10 \\ 13 \end{pmatrix}$

212. a) $\vec{r} = s \begin{pmatrix} 1 \\ 0 \\ 0 \end{pmatrix} + t \begin{pmatrix} 0 \\ 1 \\ 0 \end{pmatrix}$
   b) $\vec{r} = s \begin{pmatrix} 0 \\ 1 \\ 0 \end{pmatrix} + t \begin{pmatrix} 0 \\ 0 \\ 1 \end{pmatrix}$
   c) $\vec{r} = \begin{pmatrix} 4 \\ 3 \\ -1 \end{pmatrix} + s \begin{pmatrix} 1 \\ 0 \\ 0 \end{pmatrix} + t \begin{pmatrix} 0 \\ 0 \\ 1 \end{pmatrix}$
   d) $\vec{r} = \begin{pmatrix} 0 \\ 0 \\ -5 \end{pmatrix} + s \begin{pmatrix} 1 \\ 0 \\ 0 \end{pmatrix} + t \begin{pmatrix} 0 \\ 1 \\ 0 \end{pmatrix}$
   e) $\vec{r} = \begin{pmatrix} -3 \\ 1 \\ 2 \end{pmatrix} + s \begin{pmatrix} 1 \\ 2 \\ 3 \end{pmatrix} + t \begin{pmatrix} 0 \\ 0 \\ 1 \end{pmatrix}$
   f) $\vec{r} = s \begin{pmatrix} 1 \\ 0 \\ 0 \end{pmatrix} + t \begin{pmatrix} 0 \\ \sqrt{3} \\ 1 \end{pmatrix}$
   oder $\vec{r} = s \begin{pmatrix} 1 \\ 0 \\ 0 \end{pmatrix} + t \begin{pmatrix} 0 \\ \sqrt{3} \\ -1 \end{pmatrix}$

213. (1) Parallelogramm (Rhomboid)
   (2) $\sqrt{27}$; $\sqrt{26}$
   $\alpha = 33.1°$; $\beta = 146.9°$

214. a) Punkt P(10/0/5)
   b) Gerade
   c) Winkelgebiet mit Scheitel S(16/0/7); Grösse $\sphericalangle(\vec{u}, \vec{v}) = 31.9°$
   d) Gebiet zwischen zwei parallelen Geraden («unendliches Band»)
   e) Rhomboid
   f) Dreieck

215. A und B

216. A unterhalb ε
   B oberhalb ε
   C unterhalb ε

217. a) Ja b) Nein c) Ja

218. $z = 38$

219. a) $\vec{r} = \begin{pmatrix} 10 \\ -3 \\ 2 \end{pmatrix} + s \begin{pmatrix} -3 \\ 2 \\ 4 \end{pmatrix} + t \begin{pmatrix} 8 \\ 0 \\ 7 \end{pmatrix}$
   b) $\vec{r} = \vec{r}_P + s\vec{a} + t\vec{b}$
   c) $\vec{r} = \begin{pmatrix} -6 \\ 5 \\ 2 \end{pmatrix} + s \begin{pmatrix} 5 \\ -2 \\ 1 \end{pmatrix} + t \begin{pmatrix} 1 \\ 3 \\ -1 \end{pmatrix}$

220. (15.5/0/0) (0/–8.13/0) (0/0/11.8)

221. a) $\vec{r} = \begin{pmatrix} -5 \\ 5 \\ 0 \end{pmatrix} + t \begin{pmatrix} 11 \\ 1 \\ 0 \end{pmatrix}$

b) $\vec{r} = \begin{pmatrix} 0 \\ 1 \\ 7 \end{pmatrix} + t \begin{pmatrix} 0 \\ 7 \\ -11 \end{pmatrix}$

c) $\vec{r} = \begin{pmatrix} 3 \\ 0 \\ 9 \end{pmatrix} + t \begin{pmatrix} 7 \\ 0 \\ 1 \end{pmatrix}$

222. a) $g \cap \varepsilon \rightarrow D\left(\frac{2}{11}/1/\frac{5}{22}\right)$

b) $g \cap \varepsilon \rightarrow D(4/2/-2)$

c) $g \parallel \varepsilon \quad (g \not\subset \varepsilon)$

d) $g \subset \varepsilon$

223. a) ja, P(4.2/−1.2/3.2) b) nein

224. P(−8.5/1.25/3.25)
Q(−0.75/3.19/3.25)

225. a) $\varepsilon_1 = \varepsilon_2$

b) $\varepsilon_1 \cap \varepsilon_2 \rightarrow g\colon \vec{r} = \begin{pmatrix} 1 \\ -1 \\ 0 \end{pmatrix} + t \begin{pmatrix} 3 \\ 1 \\ 2 \end{pmatrix}$

c) $\varepsilon_1 \parallel \varepsilon_2 \quad (\varepsilon_1 \neq \varepsilon_2)$

d) $\varepsilon_1 = \varepsilon_2$

226. O ist nicht sichtbar

227. $\frac{6}{13}\,\text{m} \approx 0.462\,\text{m}$

228. (1) $\begin{pmatrix} \frac{13}{3} \\ \frac{25}{3} \\ 2 \end{pmatrix} \quad \begin{pmatrix} 1 \\ \frac{19}{3} \\ 2 \end{pmatrix} \quad \begin{pmatrix} \frac{13}{3} \\ \frac{13}{3} \\ 2 \end{pmatrix} \quad \begin{pmatrix} \frac{10}{3} \\ 6 \\ 0 \end{pmatrix}$

(2) $\vec{r} = \begin{pmatrix} \frac{13}{3} \\ \frac{25}{3} \\ 2 \end{pmatrix} + s \begin{pmatrix} 5 \\ 3 \\ 0 \end{pmatrix} + t \begin{pmatrix} 3 \\ 7 \\ 6 \end{pmatrix}$

(3) $S\left(\frac{13}{4}/\frac{25}{4}/\frac{3}{2}\right)$

(4) $\overline{AS} : \overline{SA'} = \overline{BS} : \overline{SB'} = \ldots = 3 : 1$

Die Koordinatengleichung einer Ebene

229. (4), (6) und (7)

230. a) Ist $a = 0$, so ist die Ebene parallel zur x-Achse.
Entsprechendes gilt für b und c.

b) $d = 0$ und a, b, c beliebig

231. a) parallel zur y-Achse

b) parallel zur x-Achse

c) parallel zur x-z-Ebene

232. B und C

233. a) $0 \cdot x + 0 \cdot y + z = 0 \Rightarrow z = 0$

b) $z = 5$

c) $y = 2$

d) $2x + y = 8$

234. (1) Zeichnung

(2) V = 92

235. $\vec{r} = \begin{pmatrix} 6 \\ 0 \\ 0 \end{pmatrix} + s \begin{pmatrix} -2 \\ 1 \\ 0 \end{pmatrix} + t \begin{pmatrix} 5 \\ 0 \\ 1 \end{pmatrix}$

$\vec{r} = \begin{pmatrix} 0 \\ 3 \\ 0 \end{pmatrix} + s \begin{pmatrix} 1 \\ -0.5 \\ 0 \end{pmatrix} + t \begin{pmatrix} 0 \\ 2.5 \\ 1 \end{pmatrix}$

$\vec{r} = \begin{pmatrix} 0 \\ 0 \\ -1.2 \end{pmatrix} + s \begin{pmatrix} 1 \\ 0 \\ 0.2 \end{pmatrix} + t \begin{pmatrix} 0 \\ 1 \\ 0.4 \end{pmatrix}$

236. a) $8x - 21y - 10z = 0$

b) $6x + 3y + 2z = 6$

c) $5y - 2z = 30$

d) $43x + 24y + 35z = 196$

237. a) $35x + 4y - 9z = 0$

b) $34x - 11y + 16z = 115$

238. a) $12x + 20y + 15z = 60$

b) $(y_0z_0)x + (x_0z_0)y + (x_0y_0)z = x_0y_0z_0$

239. a) $V = 2133\,\frac{1}{3}$

b) $V = 128$

c) $V = \frac{d^3}{6abc}$

Schnitt von Geraden und Ebenen

240. a) $g \cap \varepsilon \rightarrow D(4/2/-2)$

b) $g \subset \varepsilon$

c) $g \parallel \varepsilon \quad (g \not\subset \varepsilon)$

d) $g \cap \varepsilon \rightarrow D(2.5/6/7)$

241. P(4.2/−1.2/3.2), Q(1.8/1.2/0.8),
$|\overrightarrow{PQ}| = 4.16$

242. a) Schnittgerade:
$\vec{r} = \begin{pmatrix} 0.2 \\ -0.2 \\ 0 \end{pmatrix} + t \begin{pmatrix} 2 \\ 3 \\ 5 \end{pmatrix}$

b) Die beiden Ebenen sind identisch.

c) Die beiden Ebenen sind parallel, aber nicht identisch.

d) Schnittgerade:

$$\vec{r} = \begin{pmatrix} \frac{16}{7} \\ \frac{3}{7} \\ 0 \end{pmatrix} + t \begin{pmatrix} \frac{16}{7} \\ -\frac{11}{7} \\ 1 \end{pmatrix}$$

$$= \begin{pmatrix} 0 \\ 2 \\ -1 \end{pmatrix} + k \begin{pmatrix} 16 \\ -11 \\ 7 \end{pmatrix}$$

3. g': $\vec{r} = \begin{pmatrix} 35 \\ 16 \\ 0 \end{pmatrix} + t \begin{pmatrix} 15 \\ 7 \\ -1 \end{pmatrix}$

4. $2x - 5y + z = 6$

5.

Lage der Ebenen	Schnitt-menge	Anzahl Lösungen
alle 3 Ebenen parallel ($\varepsilon_1 \neq \varepsilon_2 \neq \varepsilon_3$)	{ }	0
genau 2 parallele Ebenen ($\varepsilon_1 \neq \varepsilon_2$)	{ }	0
so, dass 3 parallele Schnittgeraden entstehen	{ }	0
allg. Lage (Schnittgeraden schneiden sich in einem Punkt P)	Punkt P	1
1 gemeinsame Schnittgerade	Gerade g	∞

Normalen einer Ebene

a) $\begin{pmatrix} 1 \\ 1 \\ 1 \end{pmatrix}$; $\frac{1}{\sqrt{3}} \approx 0.577$

b) $\begin{pmatrix} 2 \\ -3 \\ -5 \end{pmatrix}$; $\frac{20}{\sqrt{38}} \approx 3.24$

c) $\begin{pmatrix} 2 \\ 0 \\ -4 \end{pmatrix}$; $\frac{76}{\sqrt{20}} \approx 17.0$

d) $\begin{pmatrix} 0 \\ 1 \\ -2 \end{pmatrix}$; 0

e) $\begin{pmatrix} 1 \\ 0 \\ 0 \end{pmatrix}$; 10

f) $\begin{pmatrix} 0 \\ 3 \\ 0 \end{pmatrix}$; $\frac{7}{3}$

247. a) $\vec{r} = \begin{pmatrix} 6 \\ 12 \\ -9 \end{pmatrix} + t \begin{pmatrix} 3 \\ -4 \\ -2 \end{pmatrix}$

b) $\frac{108}{\sqrt{29}} \approx 20.1$

248. a) $2x - 4y + 3z = 24$
b) $43x + 24y + 35z = 196$

249. a) $10x + 14y - 5z = 0$
b) $x + y + z = 6$
c) $3x + 2y - z = 6$
d) $x - 2z = -14$

250. a) $x + y + z = 5$
b) $2x - 5y + 7z = -26$
c) $-3x + 5y + 4z = 200$

251. (1) z.B. $4x + 3y - z = 10$; $-8x - 6y + 2z = -20$
(2) $a = 8k$, $b = 6k$, $c = -2k$, $d \neq 20k$; $k \in \mathbb{R}$ $(k \neq 0)$

252. Der g.O. ist die Ebene ε, die $\overline{AB}$ halbiert und senkrecht zu AB steht:
ε: $x + 2y + 4z = 47$

253. Der g.O. besteht aus zwei Ebenen ε_1 und ε_2, die parallel zu ε liegen und den Abstand 2 haben.
ε_1: $3x - 2y + 6z = 14$
ε_2: $3x - 2y + 6z = 42$

254. a) z.B.
$$\vec{r} = \begin{pmatrix} 6 \\ 0 \\ 0 \end{pmatrix} + s \begin{pmatrix} 1 \\ 1 \\ 1 \end{pmatrix} + t \begin{pmatrix} 3 \\ 2 \\ 0 \end{pmatrix}$$

b) z.B.
$$\vec{r} = \begin{pmatrix} -2 \\ 0 \\ 0 \end{pmatrix} + s \begin{pmatrix} 1 \\ 1 \\ 0 \end{pmatrix} + t \begin{pmatrix} 5 \\ 0 \\ -1 \end{pmatrix}$$

c) z.B.
$$\vec{r} = \begin{pmatrix} 4 \\ 0 \\ 0 \end{pmatrix} + s \begin{pmatrix} 7 \\ 0 \\ -2 \end{pmatrix} + t \begin{pmatrix} 0 \\ 1 \\ 0 \end{pmatrix}$$

255. (1) g_{ABC}: $\vec{r} = \begin{pmatrix} 4 \\ 0 \\ 5 \end{pmatrix} + t \begin{pmatrix} -9 \\ 2 \\ 19 \end{pmatrix}$

g_{ABD}: $\vec{r} = \begin{pmatrix} 5 \\ -2 \\ 5 \end{pmatrix} + t \begin{pmatrix} -5 \\ 4 \\ 12 \end{pmatrix}$

g_{ACD}: $\vec{r} = \begin{pmatrix} 4 \\ 3 \\ 4 \end{pmatrix} + t \begin{pmatrix} 2 \\ 1 \\ -10 \end{pmatrix}$

g_{BCD}: $\vec{r} = \begin{pmatrix} 8 \\ 2 \\ 6 \end{pmatrix} + t \begin{pmatrix} 2 \\ 1 \\ 3 \end{pmatrix}$

(2) nein

Winkel im Raum

256. a) 71.2° b) 31.6°

257. a) 34.9° b) 46.3°

258. a) ε: $8y + 3z = 24$
b) 79.3°
c) (1) 5.62 m (2) 9.42 m

5. Anhang

5.1 Dimensionskontrolle

1.
a) Dimension richtig
b) Dimension falsch
c) Dimension richtig
d) Dimension falsch
e) Dimension falsch
f) Dimension falsch

2.
a) dim (G) = L^2
b) dim (G) = 1
c) dim (G) = L^4

5.2 Der math. Lehrsatz

5.2.1 Der Aufbau eines math. Lehrsatzes

3.
a) Wenn das Produkt von zwei Zahlen Null ist, dann ist mindestens ein Faktor Null.
b) Wenn ein Dreieck rechtwinklig ist, dann gilt: $a^2 + b^2 = c^2$.
c) Wenn zwei Dreiecke in allen Seiten übereinstimmen, dann sind sie kongruent.
d) Wenn die Quersumme einer natürlichen Zahl durch 3 teilbar ist, dann ist die Zahl selbst durch 3 teilbar.
e) Wenn eine Figur rechtwinklig ist, dann sind die beiden Diagonalen gleich lang.
f) Wenn zwei negative Zahlen multipliziert werden, dann ist das Resultat positiv.
g) Wenn eine Seite eines Dreiecks auf dem Durchmesser seines Umkreises liegt, dann ist das Dreieck rechtwinklig.
h) Wenn ein Viereck einen Inkreis hat, dann sind die Summen zweier Gegenseiten gleich gross.
i) Wenn ein Polynom 3. Grades ist, dann hat es mindestens eine Nullstelle.

5.2.2 Wahre und falsche Implikationen

4.
a) falsch, 2
b) falsch, Rhombus
c) falsch, 5 : 12 : 13
d) richtig
e) falsch, $r = -2$
f) richtig
g) falsch, $5 + (-12) = -7$
h) falsch, gleichseitiges Dreieck
i) falsch, gleichschenkliges Trapez
j) richtig
k) falsch, $p = 11$; $89 \cdot 23 = 2047$
l) falsch, 90°
m) falsch, $a = 0$
n) falsch, $\sqrt{x} + \sqrt{y} = -2$

5.
a) $B \Rightarrow A$ b) $B \Rightarrow A$
c) $B \Rightarrow A$ d) $A \Leftrightarrow B$
e) $B \Rightarrow A$ f) $A \Leftrightarrow B$
g) $B \Rightarrow A$ h) $A \Leftrightarrow B$

5.2.3 Die Umkehrung einer Implikation

6.
a) Wenn eine Zahl gerade ist, dann ist durch 4 teilbar.
FALSCH, Gegenbeispiel: 6
b) Wenn in einem Dreieck mit den Seit a, b, c die Gleichung $a^2 + b^2 = c^2$ gilt dann ist es rechtwinklig. WAHR.
c) Für jede reelle Zahl r gilt:
$r^2 > 0 \;\Rightarrow\; r > 0$
FALSCH, Gegenbeispiel: $r = -1$
d) Wenn in einem Viereck die Diagonal senkrecht aufeinander stehen, dann es ein Rhombus.
FALSCH, Gegenbeispiel: Drachen
e) Wenn die Quersumme einer Zahl du 3 teilbar ist, dann ist die Zahl selbst durch 3 teilbar. WAHR
f) Wenn ein Dreieck rechtwinklig ist, dann verhalten sich die Seitenlänge wie 3 : 4 : 5.
FALSCH, Gegenbeispiel: gleichschenklig rechtwinkliges Dreieck
g) Wenn mindestens eine von zwei Za Null ist, dann ist ihr Produkt Null. WAHR.

h) Wenn in einem Viereck die Diagonalen gleich lang sind, dann ist es ein Rechteck.
FALSCH, Gegenbeispiel: Gleichschenkliges Trapez
i) Wenn das Produkt von zwei reellen Zahlen positiv ist, dann sind die beiden Faktoren positiv.
FALSCH, Gegenbeisp.: $a = -2$, $b = -3$
j) Wenn zwei Dreiecke flächengleich sind, dann sind sie kongruent.
FALSCH, Gegenbeisp.: ein spitzw. und ein stumpfwinkliges Dreieck mit gleicher Grundlinie und gleicher Höhe.
k) Wenn in einem Viereck die Summe zweier Gegenwinkel 180° beträgt, dann hat es einen Umkreis. WAHR.
l) Wenn ein Viereck zwei Symmetrieachsen hat, dann ist es ein Rhombus.
FALSCH, Gegenbeisp.: Rechteck